AKAL / ASTRONOMÍA

Colección Akal Astronomía
Director de colección: David Galadí-Enríquez

Diseño interior y cubierta: RAG

Motivo de cubierta: *Cosmogarden* © Aki Kuroda

Título original: *Seuls dans l'univers. De la diversité des mondes à l'unicité de la vie*

© Odile Jacob, 2022, representada por AMV Agencia Literaria, S. L., Madrid

Traducción de Natalia Ruiz Zelmanovitch

© Ediciones Akal, S. A., 2024
Sector Foresta, 1
28760 Tres Cantos
Madrid - España
Tel.: 918 061 996
Fax: 918 044 028
www.akal.com

ISBN: 978-84-460-5474-0
Depósito legal: M-2.753-2024

Impreso en España

Solos en el universo

De la diversidad de los mundos
a la singularidad de la vida

JEAN-PIERRE BIBRING

Traducción de Natalia Ruiz Zelmanovitch

ARGENTINA / ESPAÑA / MÉXICO

Introducción
Spútnik

Los dogmas son afortunados.

Se aprovechan del hecho de que nuestros sentidos no captan la realidad de lo que nos rodea.

Tomen como ejemplo la Tierra: no sentimos su movimiento. La concepción de una Tierra inmóvil, como centro del Cosmos y eje de todos sus movimientos, fue ampliamente promovida, casi como una evidencia, porque percibimos un cielo que gira a nuestro alrededor mientras nosotros permanecemos quietos.

Y nuestros ojos, adaptados a la luz solar, son insensibles a la radiación de aquello que no está «iluminado»: todo lo que nuestros ojos no ven, es «negro». Sin embargo, todo lo que nos rodea está lleno de radiación, una radiación en la que estamos inmersos día y noche. Pero el ser humano no está equipado para verla. Necesita instrumentos, a menudo sofisticados, para detectarla y descifrarla. Estas radiaciones, invisibles para nosotros, proporcionan un testimonio esencial: son el resultado de la evolución del universo, del cual el ser humano extrae sus raíces y su propia historia; como están ocultas, nada parece conectarnos con el cielo que contemplamos por la noche. Esto ha convertido en creíble una historia de la humanidad totalmente desligada de la del universo.

A lo largo de los siglos, siempre contemplamos el mismo cielo salpicado de estrellas: apenas ha cambiado. Por otro lado, las representaciones que se han construido del mismo han cambiado constantemente, de una época a otra, de una sociedad a otra, dependiendo de qué haya guiado las interpretaciones. La ausencia de restricciones observacionales dio rienda suelta a la más fértil de las imaginaciones y, sobre todo, supuso una potente herramienta para reforzar creencias y teologías de todo tipo: los dogmas podían y sabían cómo prosperar e imponerse.

Sin embargo, para los ojos nocturnos más agudos, la concepción de una Tierra en el centro de todos los movimientos se topó con observaciones cada vez más regulares y meticulosas de la posición de las estrellas y los planetas hechas a simple vista: la escuela copernicana destronó a la Tierra de su singular estatus y de su posición central en beneficio del Sol, alrededor del cual «giraría», como todos los planetas. De hecho, esto convertiría a la Tierra en un planeta más.

En el momento en que se formulaba, este cambio de paradigma, que data de la publicación de la obra fundamental de Copérnico[1], no podía explicar las causas del movimiento de los planetas: hizo falta un siglo para que, desde Giordano Bruno y Tycho Brahe a Kepler, desde Galileo hasta Newton, pudieran concebirse y describirse como movimientos que respondían a una «fuerza» de atracción a distancia. La física ha continuado estableciendo y extendiendo la realidad hasta lo que constituye hoy uno de sus pilares: hay un número muy pequeño de fuerzas en acción, las suficientes como para dar cuenta de todas las observaciones del universo, desde escalas interestelares hasta partículas y objetos microscópicos, pasando por todo lo que nos rodea y nos constituye.

Por lo tanto, si las mismas fuerzas operan en todas partes de la misma manera, el dicho popular que afirma que las mismas causas producen los mismos efectos nos ofrece una consecuencia inmediata: lo que ha dado forma a la Tierra y la vida no puede ser excepcional; la Tierra y la vida no pueden ser únicas.

Todo parece haber conspirado para reforzar este tenaz y ancestral dogma que ninguna observación ha validado jamás: el de la *pluralidad de los mundos*, entendiendo por mundos los *mundos habitados*. Epicuro ya lo propuso mucho antes de que

---

[1] *De Revolutionibus Orbium Coelestium (Sobre los giros de los cuerpos celestes),* publicado en 1543, el mismo año de su muerte.

fuera reintroducido por Giordano Bruno, sacudiendo seriamente las Escrituras (una tesis de la que se negó a abjurar, a costa de su vida). En un universo postulado como infinito, existen otras Tierras... ¡habitadas!

En ausencia de una observación que confirme o invalide esta proposición, por sí sola sigue siendo tan sólo una creencia. No es fruto de un enfoque científico, que requiere de predicciones y verificación. Normalmente, la ciencia no suele inmiscuirse en la validación de las creencias. Sin embargo, la física y la propia astrofísica, han dado una especie de garantía de autenticidad a este dogma particular, que despoja a la Tierra y a la vida de su singularidad para conferirles una «generalidad» cósmica, no sólo caracterizando estas pocas fuerzas como acciones universales y de esencia determinista, sino también ofreciendo al universo una dimensión inmensa, que lo adorna con las virtudes del infinito hasta el punto de fusionarse con él. Billones de galaxias, formadas por billones de estrellas, tal vez rodeadas de otros tantos planetas: ¿no es eso suficiente para imaginar que existen otras Tierras?

En términos de probabilidad, esta creencia ha recibido muy recientemente lo que algunos han aplaudido como un importante refuerzo de carácter científico. La simple hipótesis según la cual las estrellas estarían rodeadas de planetas ha sido validada por observaciones de cientos de estrellas en nuestra galaxia. Muchas de ellas «poseerían», al menos, un planeta, y es el caso de muchas estrellas cercanas a la nuestra. ¿Acaso esto no justifica, aún más, la posibilidad de imaginar que algunos de ellos también podrían estar «habitados»?

Por supuesto, llegados a este punto ya no se trata de ir en busca de «seres inteligentes», o ni siquiera de «seres», por un impulso antropocéntrico unido a una visión que ofrece a la humanidad el escalafón superior de una escala evolutiva jerárquica. ¡La «simple» presencia de «vida», en otro lugar, en cualquier «forma», ya constituiría un descubrimiento con inmensas consecuencias! Esto explica por qué muchos programas de investigación científica tienen el objetivo explícito de identificar y caracterizar, a través de la observación, otras Tierras y otras «formas de vida» en otros lugares: si es posible, en nuestro Sistema Solar, porque serían potencialmente accesibles para nosotros, con Marte como candidato soñado; o alrededor de otras estrellas cercanas, en nuestra Galaxia, o incluso más allá: qué más da, siempre y cuando surja una pista.

Forjada por siglos de creencias y convicciones estrechamente mezcladas y profundamente arraigadas, la antigua pregunta «¿Estamos solos en el universo?» nunca se ha visto amenazada por una respuesta científica negativa, algo que habría resultado perturbador, rompedor e, incluso, abrumador. Por el contrario, la fuerza de las certezas es tan robusta que se han construido rigurosas disciplinas que se dedican a actividades extremadamente fructíferas, calificadas como «astrobiología» tanto en el mundo hispano como en el anglosajón, y como «exobiología» en Francia[2], estos últimos incluso dotados de una sociedad científica[3]. Buscan, a través de programas de investigación especialmente diseñados para ello, establecer la base científica de la existencia de, al menos, una biología extraterrestre.

La exploración espacial estuvo y sigue estando íntimamente implicada. Tan pronto como el ser humano adquirió el dominio tecnológico de misiones robóticas que escapaban de la gravedad de la Tierra para ir al encuentro de otros objetos del Sistema Solar[4], ese fue uno de los objetivos de la observación

---

[2] En rigor, en castellano y en otras lenguas cabe plantear una diferencia de matiz entre *astrobiología* y *exobiología*. La primera palabra hace referencia al estudio de la vida en un contexto cósmico o universal general e incluye, por tanto, la vida en la Tierra. La segunda, en cambio, corresponde a la investigación de la vida extraterrestre. Por tanto, la exobiología estaría incluida en la astrobiología *[N. de la T.]*.

[3] La SFE (Société française d'exobiologie, Sociedad Francesa de Exobiología). España cuenta con el Centro de Astrobiología, en Madrid, asociado al *Nasa Astrobiology Program* desde el año 2000 *[N. de la T.]*.

[4] Insistamos (contra la expresión sesgada y, lamentablemente, demasiado utilizada de «conquista espacial»), en que no se trata de ir a su encuentro para «conquistarlos» o explotarlos, ¡sino para explorarlos!

de los planetas: profundizar en la comprensión de lo que caracteriza a lo vivo y buscar su presencia a gran escala en el cosmos. Esto constituiría la validación del dogma aceptado de la pluralidad de mundos habitados...

Sorprendentemente, lo que emerge de estas misiones es una visión totalmente opuesta.

Las propiedades comparadas de la Tierra y los planetas, tal y como se han ido revelando paulatinamente gracias a estas observaciones in situ, son todas, de diferentes maneras, extraordinaria y profundamente singulares.

Mientras la Tierra fue el único planeta cuyas propiedades podíamos caracterizar hasta el punto de construir una historia, era tentador extrapolar lo que entendíamos a todos los mundos planetarios, cuya observación, incluso con telescopios, mostraba muy poco: ¡especialmente porque favorecía la creencia dominante de que habría fuertes similitudes entre los planetas! Tan pronto como las primeras misiones planetarias mostraron la realidad de otros objetos del Sistema Solar, lo que se pensaba, y que muchos esperaban descubrir, ¡no existía! Empezando por la presencia de grandes extensiones de agua líquida...

Lo importante ya no es la pluralidad, sino, por el contrario: ¡la diversidad de mundos!

Hablando sólo de lo que envuelve a la Tierra, sus océanos, nubes y atmósfera, todos son esencialmente únicos en sus propiedades. En ningún otro lugar se han observado otros similares en abundancia, composición, proceso de formación y evolución... Excepcionales, han desempeñado un papel esencial en la biosfera, siendo todos profundamente interdependientes.

Ahora que entendemos que la Tierra no es en absoluto un modelo generalizable dentro del Sistema Solar, los descubrimientos de «exoplanetas», que son planetas alrededor de otras estrellas, conducen a una observación muy similar: estos «sistemas exoplanetarios» presentan una diversidad extraordinaria y totalmente sin precedentes, lo cual cuestiona los orígenes que han dado lugar a su estructura. El Sistema Solar tampoco es ya un modelo común.

Cuanto más sabemos sobre planetas y exoplanetas, más destaca la diversidad como su característica principal.

Por lo tanto, está surgiendo un importante cambio de paradigma relacionado con el hecho de que la observación de los objetos del Sistema Solar va acompañada de la comprensión de lo que ha forjado las diferencias. Sus evoluciones han sido moldeadas por distintas secuencias de eventos que antes eran desconocidos y que apenas están comenzando a ser identificados y caracterizados. Tienen una particularidad esencial: los parámetros que les han influido parecen profundamente fortuitos. Cualquier minucia los habría hecho diferentes y habría llevado a evoluciones completamente distintas: no existiríamos.

Los descubrimientos de estos eventos y de los procesos aparentemente fortuitos que han marcado y dado forma a la historia cósmica son verdaderamente fabulosos, incluso para quienes los han originado: efectivamente, su narrativa, plagada del concepto de azar como matriz de toda evolución, puede hacernos creer en fábulas. Este libro quiere contar algunas de las que han dado forma a la Tierra y su biosfera.

Lo que rodea al azar del que hablamos no requiere ni diseño ni arquitecto. Refleja la inmensidad de las posibilidades abiertas en cada una de las transiciones, de las bifurcaciones abiertas a lo largo de la evolución: al haber orientado la elección en todas y cada una de ellas, lo importante es el papel de las contingencias. La teoría darwiniana nos ha enseñado el papel del contexto en la orientación, en cada etapa, de la evolución del mundo viviente. Esto parece aplicarse a una escala mucho mayor, tanto para el mundo inerte como para el vivo, incluso si nos remontamos a la propia formación planetaria. La sucesión de situaciones específicas que han dado forma tanto a la historia de la Tierra como a la de cada planeta hace de cada uno de ellos un objeto verdaderamente único.

La evolución de la Tierra constituye una secuencia increíblemente particular, construida bajo la influencia de condiciones dadas por el contexto que se han presentado, en cierto orden, para construir su historia; endógenas, como eventos geológicos, o exógenas, como impactos de cometas y asteroides. Un sinnúmero de otras secuencias, relacionadas con diferentes situaciones, no sólo han sido posibles, sino que han ocurrido en otros lugares: han dado origen a las distintas evoluciones de otros objetos en el Sistema Solar y en sistemas exoplanetarios.

El conocimiento profundo que se adquiere de las causas de la diversidad planetaria pone en evidencia el carácter profundamente excepcional, infinitamente improbable, de los eventos impulsores de la evolución.

La secuencia terrestre explica lo que se ha construido como único en las propiedades de la Tierra: a través de ella la singularidad de la Tierra se ha convertido en una realidad. Este libro presenta algunos ejemplos.

Que la Tierra sea única genera otra pregunta en torno a esa singularidad: ¿y si lo vivo fuera una de las propiedades de la Tierra, íntimamente ligada a su evolución, algo exclusivo? ¿Y si, en esencia, lo vivo fuera sólo terrestre?

Cuestionar la singularidad de la vida abre una caja que no tiene de Pandora más que lo radical de las potenciales consecuencias (sin las catástrofes que se asociaron a ella); por el contrario, estas cuestiones constituyen un fértil vivero de investigaciones y repercusiones. ¿Qué queremos decir con «vivo»?

¿Qué relevancia tiene oponer lo vivo a lo inerte, en un binarismo simplista que da por hecha la existencia y la definición de «principio vital» del cual, en su conjunto, estaría dotado lo vivo, y desprovisto lo inerte?

¿Qué propiedades, o incluso qué propiedad única, calificaría un sistema como vivo, permitiendo que las estructuras dotadas de la misma se llamaran también vivientes, bajo «otras formas» y en lugares distintos a la Tierra? ¿Podemos hablar de un «origen de la vida», que dataría la aparición de tal propiedad dentro de una cadena evolutiva? ¿Podemos imaginar el proceso por el cual esta propiedad habría «emergido» de un mundo no vivo, sin recurrir a la generación espontánea o al acto de creación? ¿De dónde viene que mantengamos la oposición entre lo inerte y lo vivo, como algo demostrado y estructurante? ¿La «naturaleza» con la que el ser humano establece relaciones (como mínimo, distanciadas y sujetas a profundos debates), integra lo inerte en lo vivo? ¿Por qué sería importante para nosotros la existencia o no de vida fuera de la Tierra?

¿No sería apropiado cuestionarnos tales preguntas?

* * *

De hecho, se está produciendo un cambio importante. El acceso al espacio modifica profundamente certezas, a veces ancestrales, sobre nuestra visión de lo que somos, de lo que son los mundos planetarios, en sus dimensiones históricas y... espaciales.

Hasta la era espacial, debido a que sólo tenemos un caso de estudio detallado (la Tierra), nuestras representaciones de otros mundos se construían esencialmente por extrapolación, guiadas por un enfoque más dogmático que científico: estas representaciones requerían de una validación observacional de la cual carecíamos.

4 de octubre de 1957: ¿cuántos se dieron cuenta entonces de hasta qué punto el lanzamiento del Spútnik 1 inauguró para la humanidad una nueva era, modificando sus fundamentos sociales más anclados y abriendo el campo a preguntas sin precedentes, si no fundamentales? ¿Cuántos saben hoy apreciar la deuda que tenemos con nuestra capacidad de dominar el espacio, tanto en nuestros comportamientos más cotidianos como para triunfar ante los retos que se presentan?

La posibilidad de explorar de cerca otros objetos del Sistema Solar, utilizando sondas espaciales equipadas con instrumentos de medición, ofrece una visión bastante diferente de la que dominaba hasta entonces. El resultado ha sido una revolución en nuestra comprensión de lo que impulsa la evolución de la Tierra y los planetas, sacudiendo el concepto de pluralidad de los mundos, nacido hace varios milenios y mantenido hasta hoy. Marginado por los dogmas monoteístas de creación de una Tierra central, única e inmóvil, este mito fue reactivado por las ideas copernicanas de una Tierra que, una vez más, se convirtió en un planeta banal y en movimiento, albergando vida como en otras partes del universo; hasta llegar a hoy, cuando, participando a través de estas páginas, nos proponemos poner este mito en cuestión. Es una revolución más general dentro de un conjunto de certezas, referidas a grandes construcciones de nuestros sistemas de pensamiento, que se ven sacudidas; esas certezas, llenas de binarismo y atracción por la unificación de «leyes», que a menudo no son suficientes ni para dar cuenta de la realidad tal como se revela.

Las repercusiones de la exploración espacial, de la que todos se benefician a través del uso diario de sistemas orbitales, van mucho más allá de la esfera individual: tienen un alcance verdaderamente global. Nunca la Tierra nos ha parecido tan pequeña: ya no hay ningún país que una vez fuera remoto que todavía nos parezca extraño; si acaso, extranjero. La información, la comunicación, nos hacen «cercanos» a lo que concebimos, no hace mucho tiempo, como si fuera inaccesible para siempre, fuera de nuestro alcance. Las «mundializaciones» de todo tipo se han convertido en un símbolo, a menudo rechazado, que despierta apetitos de proximidad que invaden franjas enteras de la actividad social, como algo asumido. Al hacerlo, el contraste de los problemas que surgen a escala global se amplifica.

Aquí es donde la exploración espacial participa en las realidades que sacuden a todas las sociedades de nuestro planeta hoy en día. Nos permite ver y comprender la Tierra, una entidad global, en su evolución cósmica, integrando el papel de lo vivo, y particularmente el de la humanidad, dentro de una biosfera propia. Ofrece afrontar los inmensos desafíos mediante una representación totalmente nueva del marco, global, aunque limitado, de sus manifestaciones: el planeta Tierra, en sus vertiginosas singularidades planetarias. Por último, pero no menos importante, a través de sus prácticas de amplia cooperación que sustentan el ejercicio mismo de su investigación, propone vías de ejemplaridad en las relaciones e intercambios que deben promoverse mucho más allá del marco científico: romper con los reflejos de repliegue, confrontación o dominación por la fuerza haciendo ley y liberarse tanto de las rivalidades como de las desigualdades que la historia ha construido.

En este contexto, se puede esperar mucho de la introducción de una nueva percepción de lo vivo en sí mismo, asumiendo una doble singularidad: única para integrar a la humanidad y a la naturaleza en la misma realidad, y única en su singularidad cósmica de ser tan sólo terrestre.

¡Solos en el universo!
¿Y ahora qué?

PRIMERA PARTE
De la diversidad de los mundos

Capítulo 1
De la infinidad a la pluralidad de los mundos

¿Cree que hay vida fuera de la Tierra?

Cuando surge esta cuestión ante cualquier audiencia, la respuesta dominante es sí. Lo curioso es que, hasta la fecha, ninguna observación apoya tal afirmación... ¡ni la desmiente!

Por lo tanto, la respuesta no se refiere a un enfoque científico ni a datos observacionales validados tras hacer predicciones y proceder a su confirmación. De hecho, es una creencia (¿*cree* que hay...). Refleja una convicción basada, en gran medida, a menudo no explícitamente, en dogmas construidos a lo largo de siglos, incluso cuando se viste con expectativas científicas, generalmente relacionadas con la inmensidad del universo: sólo en nuestra Galaxia hay miles de millones de estrellas, por lo que tal vez también haya planetas; y hay miles de millones de galaxias en el universo. Miles de millones de miles de millones: en lenguaje cotidiano, ¿no es esto infinito? A este cálculo se suma un reflejo de humildad: cómo atrevernos a pensar en nosotros mismos como en únicos...

Desde la Antigüedad, estas creencias han seguido la evolución de las formas de pensar, a veces marcadas por rupturas. ¡Uno de los textos más explícitos se atribuye a Epicuro, en sus cartas a Heródoto[1], fechadas en el 301 a.C.! El siguiente extracto es un ejemplo:

> No es sólo el número de átomos, es el número de mundos lo que es infinito en el universo. Hay un número infinito de

---

[1] Homónimo del famoso historiador que murió un siglo antes.

mundos similares al nuestro y un número infinito de mundos diferentes. De hecho, dado que los átomos son infinitos en número, como dijimos antes, los hay en todas partes, su movimiento los lleva incluso a los lugares más distantes. Y, por otro lado, siempre en virtud de esta infinidad en número, la cantidad de átomos adecuados para servir como elementos, o, en otras palabras, como causas, a un mundo, no puede agotarse por la constitución de un solo mundo, ni por la de un número finito de mundos, ya sean todos mundos similares al nuestro o todos mundos diferentes. Así que no hay nada que impida la existencia de una infinidad de mundos...

Había nacido la «pluralidad de los mundos».

Obviamente, la formulación de «mundos» conlleva una confusión entre el estatus de planeta y el de planeta habitado, o incluso con el de planeta habitado por humanos. ¿Qué infinito concibió Epicuro? La afirmación en su contexto no deja lugar a dudas: obviamente no es cosmogonía pura, ya que no propone que las estrellas estén rodeadas de planetas, sino de planetas habitados, por lo tanto, plantea la existencia de vida a gran escala en el cosmos.

En resumen, Epicuro basa esta propuesta en la hipótesis de un universo infinito, sobre todo si tenemos en cuenta que, a simple vista, apenas se pueden detectar unas 2000 estrellas, ¡incluso en cielos perfectamente claros y despejados! En este marco de un cosmos infinito, no sólo no se puede excluir que exista, en otro lugar, un mundo similar al nuestro, sino que sugiere que existe un número infinito, y proclama que serían tanto similares como diferentes. ¡Hermosa definición de infinito!

Esta correlación entre la infinidad de posibilidades y la pluralidad de mundos similares deriva de un enfoque convincente. No apela a los procesos responsables de la evolución, que han hecho de la Tierra lo que es hoy; ni a la probabilidad de que estos procesos tuvieran lugar de forma favorable, ya que, si el número de posibilidades es infinito, podrían haber ocurrido del modo deseado, aunque fueran muy improbables.

Estas tesis, ya criticadas en la propia Grecia, no han sobrevivido a la dominación espiritual de los monoteísmos, que impusieron una visión creacionista, aboliendo la extensión infinita del universo: Dios ocupa el espacio más allá de la esfera de las estrellas fijas, limitando desde ese punto lo que quedaba libre para sus propias creaciones, en cuyo centro ubicó la Tierra, única e inmóvil.

La «esfera de las estrellas fijas», cuya calificación de «esfera» supone que todas las estrellas están a la misma distancia de nosotros, refleja el hecho de que la posición relativa de las estrellas, tal y como las observamos desde la Tierra, no cambia durante la noche: se mueven «en bloque», lo cual sería una prueba de que se trata de objetos estáticos[2], arrastrados por un cuerpo único, sólido y en rotación. De hecho, esta esfera, a la que las estrellas estarían unidas, limitaba el universo. Esta visión fue ampliamente aceptada, incluso por Copérnico. Las primeras medidas que muestran distancias a estrellas distintas fueron realizadas por Friedrich Wilhelm Bessel en 1834.

Si este dogma ha podido perdurar, es porque se basaba en evidencias experimentadas por nosotros mismos que le daban una base sólida: no nos sentimos en movimiento y vemos el Sol girar sobre nosotros (lo cual todavía se traduce en lenguaje cotidiano cuando hablamos de que el Sol sale y se pone, de este a oeste). Fue necesario esperar al siglo XVII y a Galileo para que los principios de la inercia, ya propuestos por Giordano Bruno, fueran explicados y consolidados científicamente: no se siente el movimiento si es uniforme, como en el caso de un automóvil, un tren o un avión que avanza en línea recta a velocidad constante. ¡Aún hoy nos sorprende y nos desconcierta el hecho de descubrir que *cada segundo* nos movemos 30 kilómetros en la carrera anual de la Tierra alrededor del Sol, y 200 kilómetros en nuestro viaje alrededor del centro de la Galaxia!

---

[2] Incluso se propuso que se trataba de agujeros perforados en esta esfera que dejaban pasar la luz del más allá.

Como corolario dentro de la visión bíblica, la creación de la especie humana, en el sexto día del Génesis, después de la creación de la «Naturaleza», sentó las bases, aún hoy profundamente arraigadas, para la ruptura radical entre esta y el hombre. Ciento cincuenta años después de la publicación de *El origen de las especies* de Darwin, el ser humano todavía escapa a su integración en la naturaleza...

Los panteísmos incluían al ser humano en la naturaleza. Los monoteísmos lo aislaron de ella. La noción misma de «naturaleza», por otra parte, no surge de ninguna definición científica real. Es una de esas construcciones íntimamente acopladas a una visión particular del mundo, ligada a un tiempo de la historia y con una marca cultural, puesta hoy en cuestión de manera firme.

El texto fundacional de Copérnico, esencialmente herético y publicado el mismo año de su muerte (1543), rompe este dogma de centralidad e inmovilidad que no podía explicar de manera adecuada los movimientos del Sol, la Luna y los planetas.

Estas ideas ya se habían propuesto en la Antigüedad, en particular por Aristarco de Samos, en el siglo III a.C. y, más recientemente, por Nicolás de Suze (1401-1464). Sin embargo, privadas de validación, no lograron ser aceptadas.

Como todos sus predecesores, Copérnico estaba convencido de la necesidad de que las órbitas planetarias fueran circulares. Su carácter elíptico (que no fue identificado y demostrado por Johannes Kepler hasta décadas más tarde) llevó a Copérnico a abandonar una visión de la Tierra como el centro de las órbitas y a sustituirla por el heliocentrismo. *De revolutionibus orbium coelestium (Sobre los giros de los cuerpos celestes)* sentó las bases de una auténtica revolución[3] en nuestra percepción de los movimientos de los objetos cósmicos que se amplificó en el siglo XVII, lo que estimuló el auge de la física como herramien-

---

[3] Mientras que las revoluciones orbitales hacen que los objetos vuelvan a su punto inicial tras «un giro completo», se supone que, muy al contrario, las revoluciones sociales implican rupturas...

ta para explicar sus causas. En 1616, debido a la expansión de estas ideas (especialmente a través de las obras de Galileo) y a los riesgos que representaban para la confianza popular en los relatos bíblicos, este texto fue incluido en la lista negra del Vaticano; es cierto que este periodo político en la Iglesia fue especialmente turbulento debido a la Reforma, la Contrarreforma, y a la Guerra de los Treinta Años. En conclusión, ¡no vio la luz hasta más de dos siglos después, en 1835! El canónigo Copérnico, al reemplazar la Tierra por el Sol en su centralidad, no había abolido a Dios y a su espacio consagrado más allá de la esfera de las estrellas fijas. La Tierra, un planeta banal desde el punto de vista de su movimiento, del cual el Sol es el principal responsable, podía conservar perfectamente su carácter único, producto singular de una creación divina, y el ser humano podía seguir sin tener otro hábitat cósmico.

Fue a Giordano Bruno, nacido tres años después de la publicación de *De revolutionibus orbium coelestium* y convertido pronto en copernicano convencido, a quien se le ocurrió proponer una concepción que cuestionaba la finitud del universo. Para él, como para Epicuro y muchos otros pensadores de la Antigüedad, el universo no tenía límite. Puso a Dios, presente en todas las cosas, al nivel de los átomos mismos, liberando así todo el espacio al cosmos... Además, su propuesta central y profundamente pionera fue considerar que el Sol y las estrellas eran de la misma naturaleza: el Sol sería una estrella y las estrellas serían soles. Tan pronto como la Tierra había sido «banalizada» por Copérnico, el Sol mismo lo fue por Giordano Bruno[4].

Una propuesta de una fecundidad extraordinaria que no fue sustentada científicamente hasta varios siglos después. Giordano Bruno no invocó para ello ninguna deducción «razonada», ¡e incluso llegó a afirmar que nunca se podría verificar su exactitud! Sin embargo, formuló, y muy rápidamente, una

---

[4] Dos siglos más tarde, el mismo destino llegaría a la Vía Láctea, «nuestra» Galaxia, que se ha convertido en una galaxia entre muchas otras galaxias del universo. ¿Se describirá alguna vez nuestro universo como un universo entre muchos?

consecuencia importante: en un universo que propuso infinito, donde las estrellas son soles, y en una visión copernicana donde el Sol está rodeado de planetas, el número de estos es infinito. La pluralidad de los mundos, que formuló ya en 1583, se convirtió, una vez más, en una hipótesis seria: consolidada en los siglos posteriores, adquirió el estatus de un dogma ampliamente aceptado.

La exploración espacial, que se esperaba que validara esta representación, es la que, sin embargo, la cuestiona seriamente.

Las numerosas tesis presentadas por Giordano Bruno, a veces en oposición directa a los preceptos de la Iglesia, le valieron la excomunión. En particular, su visión de un universo infinito, que a la vez excluye la existencia de cualquier centro y abre la posibilidad de multiplicidades de mundos habitados. Al tratarse de una de las principales justificaciones para la creación de la Tierra y el hombre, sus afirmaciones socavaron violentamente estos preceptos. Refugiado en Venecia, donde encontró un puesto como preceptor, fue denunciado por el mismo hombre que lo había invitado, Giovanni Mocenigo, y posteriormente arrestado por la Inquisición en 1593. Durante los juicios que siguieron, en Venecia y luego en Roma, se le aconsejó encarecidamente que renunciara a sus declaraciones y escritos. Aceptó hacerlo con una excepción: la relacionada, precisamente, con la pluralidad de los mundos, dado que para él la infinitud del universo era tan obvia, natural y fundamental que no creía estar poniendo en tela de juicio la existencia de Dios. Fue quemado vivo en el Campo dei Fiori (Roma), el 17 de febrero de 1600, ¡treinta y tres años antes de la abjuración de Galileo!

Debido a que no se consideraba a sí mismo un científico, Giordano Bruno fue poco reconocido como precursor de estas ideas por las grandes mentes del siglo que comenzaba, ni siquiera por Galileo. Sin embargo, ofreció la base sobre la que Galileo, Kepler, Descartes y Newton construyeron los cimientos de la física que, durante cuatro siglos, ha enseñado la ruptura iniciada por Copérnico, traducida en la banalidad de la Tierra como planeta.

La gravitación, en primer lugar, y luego gradualmente todas las «fuerzas» y leyes que describen los efectos (y permiten explicar las propiedades observadas), se han caracterizado como «universales»: operan de manera idéntica en todas las escalas, desde la microscópica hasta la del universo en su conjunto.

Este deseo de *unificación,* que consiste en buscar o reconocer una causa única, estructurante, responsable de múltiples efectos, atraviesa muchas áreas de pensamiento en nuestras sociedades, mucho más allá de la «esfera» de la ciencia. Nos recuerda un asunto profundamente debatido en la Francia del siglo XVII, las tres unidades aristotélicas de la tragedia teatral: lugar, tiempo y acción.

En física, la necesidad de «unificar» las interacciones fundamentales ha marcado de manera duradera a generaciones de científicos, incluso a los más creativos, ¡hasta nuestros días! En biología, muy al contrario, las enseñanzas de Darwin, para quien la evolución resulta en una extraordinaria diversidad de especies (cada una «seleccionada» como la mejor adaptada a la diversidad de los ambientes de la superficie de la Tierra, que a su vez está en proceso de transformación), no tardaron en ofrecer argumentos contra una visión que era demasiado unificadora.

El sesgo *unificador* suele ir acompañado de una tendencia a limitar las posibles soluciones a *opciones binarias.* Como cómodo criterio estratégico, opone el bien al mal, los pros y los contras, lo normal a lo anormal, lo inerte y lo vivo, divide el mundo en categorías postuladas como estructurantes a costa de evitar que se aprehenda la complejidad de muchos fenómenos sociales. Lo mismo ocurre con las llamadas ciencias exactas, donde con frecuencia se busca que las interpretaciones se relacionen con esquemas unificados, enmascarando lo que, sin embargo, debería emanar de descubrimientos que surgen de campos que nunca han estado tan abiertos: la diversidad de situaciones, de estados, de posibilidades.

El reconocimiento de que ciertos fenómenos respondían a leyes, como el movimiento de los cuerpos en un campo de gravedad, condujo a saltos espectaculares en la interpretación de observaciones comunes. Su conocimiento permitió, en particular, una vez determinadas las condiciones iniciales, predecir el comportamiento físico: ¡esto se utilizó, especialmente, para calcular el movimiento de proyectiles! El resultado, sin embargo, fue una visión excesivamente determinista, partiendo del postulado de que sería posible definir y reproducir estrictamente, y de forma idéntica, las condiciones iniciales: las mismas causas producirían entonces los mismos efectos, como afirma el sentido común, al cual se ha aferrado este tenaz silogismo. Las leyes gobernarían y guiarían la evolución.

Afirmar que las mismas causas producirían los mismos efectos está teóricamente justificado: lo que no lo estaría es imaginar que, en la práctica, puedan existir dos situaciones que presenten estrictamente las mismas causas. Las desviaciones, por pequeñas que sean, son inevitables, y sus efectos en los desarrollos posteriores pueden ser importantes, como teorizan en particular los estudios del caos, introducidos en 1902 por Henri Poincaré, matemático y físico francés.

Sin embargo, la universalidad de las leyes, en la medida en que operan en todas partes y de la misma manera, ha reforzado naturalmente las tesis que han establecido, desde Epicuro hasta Giordano Bruno, el dogma de la pluralidad de los mundos.

Ya en 1681, Fontenelle, en sus *Entretiens sur la pluralité des mondes (Conversaciones acerca de la pluralidad de los mundos),* describió una visión entonces concebible de nuestro Sistema Solar. En forma de diálogo entre un filósofo, inspirado en Copérnico y Descartes, y una marquesa algo intrigada, presenta la Luna y los planetas como mundos habitados. ¡Curiosamente, Marte no aparece en su descriptiva lista, pese a ser bastante exhaustiva!

Es obvio que tales consideraciones no estaban respaldadas por ninguna observación directa. Fue necesario esperar hasta el siglo XIX para intentar apuntalar estos dogmas gracias a la utilización de observaciones con telescopios. Giovanni Schiaparelli, director del observatorio de Brera, al norte de Milán, observó Marte durante la «oposición» de 1877: se observa así la configuración planetaria en la que un planeta, en este caso Marte, se encuentra opuesto al Sol, en el eje Sol-Tierra-planeta. El planeta rojo estaba entonces en su punto más cercano a la Tierra y se prestaba a observaciones de mayor resolución. Schiaparelli distinguió en su superficie contrastes oscuros, vagamente rectilíneos; los llamó *canali*. Este término italiano se refiere tanto a los canales artificiales como a los naturales, fruto de la geología. Por lo tanto, no afirmó que los *canali* marcianos fueran creados por una forma de vida inteligente. ¡No importó! Muchos, incluido Camille Flammarion, se ampararon en este término para afirmar que veían en Marte lo que todos querían encontrar: ¡construcciones artificiales, obra de inteligencias extraterrestres! Uno de los más famosos fue el estadounidense Percival Lowell. Tal y como afirmó, en 1894, tras la lectura de *La Planète Mars (El planeta Marte),* de Flammarion, se hizo construir un observatorio en Flagstaff, Arizona, para observar Marte. Propuso la interpretación más atrevida: los *canali* serían canales de riego construidos por la población marciana, instalada, por razones climáticas, en las regiones ecuatoriales, más suaves, pero a veces víctimas del calor del desierto. ¡Los canales tendrían la función de conducir el agua, abundante en los hielos polares, cuya presencia había sido probada tiempo atrás por observaciones realizadas con telescopios!

Los dogmas son resistentes, ya que se arraigan a lo largo de siglos de banalización ideológica. Incluso hoy, ¿no es *follow the water*[5] la consigna de las misiones a Marte de la NASA (la agencia espacial estadounidense)? La idea de que Marte podría, o todavía puede, albergar vida, atormenta a los cerebros implicados en la exploración espacial, incluso a los de más alto nivel. A esta idea se suma la de que la vida se asocia, necesariamente, con la presencia de agua líquida, por tanto, todo gira en torno a encontrarla y tratar de detectar rastros de vida.

---

[5] Véase, por ejemplo, el informe de la Estrategia de Astrobiología de la NASA 2015.

En cualquier caso, hasta los albores de la era espacial, sin ninguna restricción observacional que pudiera haberla sacudido, esta convicción de que la vida puede, o incluso debe, ser una propiedad genérica de la evolución cósmica (y, por tanto, estar presente a gran escala en el universo) fue, y sigue siendo, tenaz, hasta el punto de ser aplicable, y aplicada, al Sistema Solar, por lo que la tentación de interpretar cualquier observación como confirmación de este dogma era grande.

En Francia, hasta la década de 1960, para cualquier persona interesada en la astrofísica, ya fuera estudiante o investigador experimentado, reinaba en las bibliotecas un libro de referencia: l'*Astrophysique générale (Astrofísica general)* de Evry Schatzman y Jean-Claude Pecker. ¡Resulta destacable que, por aquel entonces, la esencia de toda la astrofísica conocida cupiera en un solo volumen! Todos los planetas se describen al final del libro. En la página 713 de la edición de 1959, se dedican doce líneas a Marte:

> Debido a su proximidad y la transparencia de su atmósfera, Marte es un planeta muy conocido. En unas veinticuatro horas, Marte efectúa una rotación aparente completa, lo que hace posible dibujar planisferios precisos de este planeta. Regiones de color verde oscuro cubren 3/8 del planeta, el resto es de color óxido, a excepción de los casquetes polares blancos. Destacan las variaciones estacionales de los casquetes polares. En primavera, a medida que encogen, van quedando salpicados puntos blancos: se trata, sin duda, de la cima de las montañas marcianas. Las regiones de color verde oscuro se vuelven amarillentas en el otoño marciano. Podría tratarse de plantas talófitas o muscíneas o de algas del hielo[6].

Así, información proporcionada por observaciones del planeta Marte hechas con telescopios, precisas y verificadas (co-

---

[6] J.-C. Pecker y E. Schatzman, *Astrophysique générale,* París Masson & Cie, 1959.

lores que cambian con las estaciones), se explica por la posible existencia de especies vivas (plantas) que renacen en primavera; y todo ello sin ninguna pista observacional que lo hubiera indicado ni tan siquiera sugerido.

No se equivoquen: Evry Schatzman y Jean-Claude Pecker eran, cada uno en su campo, científicos de excelencia. Fueron esenciales para la construcción de la astrofísica tanto en Francia como fuera de ella. Las citas relativas a Marte sólo pretenden enfatizar el peso de las referencias conceptuales a las que el campo científico está también expuesto.

La infinidad del cosmos pensada desde la Antigüedad ha generado el paradigma de la pluralidad de los mundos, que afirma la existencia de vida en el universo. La vida no se limitaría a la Tierra. Esta era la creencia generalizada cuando llegó la era de la exploración espacial.

Capítulo 2
De la expansión cósmica
a la exploración espacial

La primera mitad del siglo xx fue testigo de un auge sin precedentes en la física y en las observaciones, y sentó unas bases completamente nuevas sobre las que se construiría nuestra visión del universo.

Quizá una de las transformaciones más radicales fue proponer que el universo no era estático, sino que estaba en expansión. Con más de medio siglo de retraso con respecto a la biología, que había introducido y luego impuesto el concepto de evolución, le tocaba a la astrofísica el turno de abandonar el paradigma de la fijeza. El propio Albert Einstein estaba convencido de la naturaleza estática del universo cuando estableció su teoría de la relatividad general en 1915. Para conciliar su trabajo con este postulado de fijeza, tuvo que introducir en sus ecuaciones una constante cuyo significado comprendió diez años más tarde: ¡el universo no es estático!

Esta verdadera revolución resultaría profundamente fructífera y liberadora. Sobre todo, porque, en paralelo a este cambio de enfoque, se demostró que el universo no se limita a la Galaxia en la que nos encontramos: mucho más allá, en el vasto espacio extragaláctico, se detectaron multitud de otras galaxias. La observación que demostraba su existencia (realizada por Edwin Hubble a partir de 1923) y la constatación de su alejamiento, llevaron a caracterizar un movimiento de expansión del universo, predicho unos años antes por Alexandr Fridman y Georges Lemaître. Hubble vio un movimiento de galaxias en un universo estático. Sobre la base de la relatividad general, propuesta una década antes por Einstein, esta observación fue interpretada no como un movimiento propio de las galaxias, sino como un alejamiento producido por la expansión del espacio-tiempo en el que estaban ubicadas.

Las leyes de esta expansión permitirían datar un «origen», hace unos 14 000 millones de años. Proponer que el universo observable tiene una «edad», además de que esta es mucho mayor que la propuesta por los relatos míticos de los orígenes[1], implica una consecuencia importante: el universo también tiene dimensiones limitadas. En concreto, su edad define el horizonte de nuestra percepción del universo: es la distancia hasta la cual podemos sondearlo, observarlo y, por lo tanto, caracterizar sus propiedades.

El propio hecho de observar implica que nos llega una información, pero esta, en cualquier forma, no se propaga a velocidad infinita: no puede exceder la de la luz en el vacío que, por extraordinariamente rápida que pueda ser, no es infinita. Por eso, observar un objeto no indica su estado en el momento en que la información nos llega, sino en el momento en que se originó esta información. Por tanto, cuando observamos el Sol, ¡lo vemos como era hace ocho minutos! Cuanto más alejado está el objeto en el espacio, más viejo es lo que estamos observando. La distancia máxima a la que se puede observar, por lo tanto, corresponde a su edad, que establece el límite del «tiempo» que ha tardado la información en llegar hasta nosotros.

Nada nos impide imaginar que, más allá de este horizonte, «exista algo», pero es sólo imaginación: ninguna información sobre ese algo puede llegar a nosotros porque está demasiado lejos como para que cualquier tipo de señal haya tenido tiempo de recorrer la distancia que nos separaría de ella, y por eso sólo lo observable cobra sentido. La ciencia se construye sobre la base de observaciones que tiende a interpretar. Sólo podemos validar lo que es observable, ¡incluido el universo!

---

[1] Por ejemplo, al estimar la edad de la Tierra según la enumeración bíblica de las generaciones desde la creación de Adán y Eva, ¡algunos clérigos de las religiones abrahámicas le atribuyen una edad de unos 6 000 años!

Rompiendo con las hipótesis propuestas desde Epicuro hasta Giordano Bruno, el universo observable, al cual ahora podemos darle una edad, ¡no sería infinito!

La evolución de la dinámica del universo se ha extendido rápidamente a muchas otras de sus propiedades. Una de las consecuencias de la expansión del universo es que ha experimentado un brutal enfriamiento generalizado, lo que ha dado origen a la expresión «Big Bang» y que ha caracterizado esta fase primordial de cambios muy violentos en sus propiedades: partiendo de un medio con temperaturas y densidades extremadamente altas, hoy alcanza una temperatura cercana a -270 °C, sólo 3 °C por encima de la temperatura límite (el «cero absoluto») hacia la que tiende inexorablemente: se trata de un estado de inmovilidad absoluta a nivel atómico y subatómico.

En las fases iniciales, donde no sólo la temperatura, sino también la densidad, eran extremadamente altas, las partículas elementales reaccionaron hasta que aparecieron las que han perdurado hasta hoy; entre estas, el núcleo de hidrógeno, o protón, es, con un amplio margen, el elemento dominante. Requiere de temperaturas muy por encima de los mil millones de grados para ser sintetizado a partir de partículas preexistentes (el protón se forma por el acoplamiento de tres cuarks). La rápida caída de la temperatura, condicionada por una ley muy particular de la expansión del universo, impidió que se sintetizaran átomos de mayor masa, incluyendo carbono, nitrógeno y oxígeno. Esta síntesis por «reacciones nucleares» a partir de núcleos de hidrógeno, requiere, en efecto, de temperaturas de varios millones de grados: sin embargo, la temperatura del universo, en su rápida disminución, permaneció en torno a este valor tan sólo durante unos instantes, cuando el universo tenía unos 3 minutos de edad. La materia elemental del universo se quedó anclada en lo que se sintetizó en aquel momento, con aproximadamente un 90 % de hidrógeno y un 10 % de helio, con escasos rastros de átomos de mayor masa.

Si la disminución de la temperatura hubiese sido mucho más lenta, habría hecho posible que todos los elementos continuaran reaccionando hacia aquel cuyo núcleo es el más estable de todos, el hierro: ¡este universo habría estado formado, de forma permanente, sólo por este elemento!

El modo de descenso de la temperatura y de otras propiedades del universo en sus primeras fases fue una de las primeras *contingencias* que dieron forma a la parte esencial de su evolución futura.

En los cientos de miles, millones y miles de millones de años que siguieron, la disminución de la temperatura y la dilución a gran escala de la materia del universo fueron acompañadas por la formación de estructuras, embriones de galaxias y, en su interior, de estrellas.

La expansión ha propagado hasta nuestros días heterogeneidades de concentración de materia: «nubes» de gas y granos de polvo. Estas no se parecen en nada a las nubes de la atmósfera de la Tierra, hechas principalmente de agua, pero deben su nombre al hecho de que sus componentes están más concentrados que en el vasto medio intergaláctico e interestelar. Esto permite que algunas de estas nubes se colapsen bajo el efecto de su propia gravedad. Impulsadas por un movimiento de rotación, están sujetas a las leyes de la evolución dinámica: la materia es arrastrada hacia el plano perpendicular al eje de rotación. Por lo tanto, evolucionan en forma de discos, dentro de los cuales la gravedad atrae la mayor parte de la masa hacia su centro. Este aumento de la densidad se acompaña de un aumento de la temperatura. Cuando alcanza y supera el millón de grados, se desencadenan reacciones termonucleares: es entonces cuando nace una estrella.

En los núcleos estelares, a partir del hidrógeno primordial y mediante sucesivas secuencias de reacciones nucleares, se sintetizan los elementos que constituyen la materia observable.

Si tal escenario global ha sido ampliamente aceptado, es porque ha dado lugar a simulaciones de laboratorio y predicciones que han sido confirmadas por observaciones. Una de ellas, en concreto, ha sido considerada como validadora.

En su proceso de disminución de la temperatura, el universo pasó por una etapa de «sólo» unos pocos miles de grados que

permitió la estabilidad de los enlaces entre electrones y protones: en ese momento se formaron los átomos. A temperaturas más altas, las partículas tienen una energía demasiado elevada como para permanecer unidas: el universo primitivo era un plasma de partículas cargadas eléctricamente, una de cuyas propiedades era interactuar con la radiación con mucha fuerza, impidiendo que se escapara y viajara por el espacio.

Por otro lado, la aparición repentina de átomos, que interactuaban muy poco con los fotones, tuvo un efecto importante: la radiación fue capaz de escapar e inundar todo el universo, siguiéndolo en su expansión. En todo el universo, con unos pocos miles de grados, esta luz era comparable a la irradiada por el Sol y las estrellas: el cielo era entonces uniformemente «brillante», como un conjunto de soles unidos. A la expansión gradual del universo, junto con su enfriamiento, se unió el aumento correlacionado en la longitud de onda promedio de esta luz, moviéndose hacia valores cada vez más altos: del azul al rojo, luego al infrarrojo, luego más allá, hasta hoy con las ondas de radio.

Nuestro ojo, adaptado para ver los objetos que reciben la radiación solar, no es sensible a tales longitudes de onda: el cielo es, para nosotros, profundamente «negro».

Sin embargo, nuestros instrumentos fueron capaces de detectar esta radiación. Invade todo el espacio, y sus propiedades se corresponden con las predicciones basadas en un escenario de expansión del Big Bang.

La expansión del universo ha separado así la evolución de la radiación y la de la materia, diluyendo esta última y enfriándola irreversiblemente, dirigiéndola hacia el frío absoluto que constituye el origen de las escalas de temperatura. La posibilidad de que la gravedad concentre materia sin que le siga la radiación (que por su presión frustraría estas agrupaciones) ha permitido la aparición de islotes donde, en cambio, la densidad y la temperatura aumentan considerablemente. Las estrellas y los planetas surgieron de estas agrupaciones de materia.

La evolución a gran escala del universo hacia un estado de perfecta homogeneidad, de desorden absoluto, se acompaña así de lugares donde, por el contrario, las estructuras se ordenan, se construyen. Y, al menos en uno, ¡incluso apareció la vida!

Sin embargo, incluso en las estrellas más calientes, la temperatura nunca ha alcanzado los niveles necesarios para la síntesis de hidrógeno. Todos los átomos de hidrógeno presentes en el universo, tanto en la Tierra como en los demás planetas, tanto en el agua como en nosotros mismos y en todo el mundo viviente, se formaron en el mismo momento primordial, mucho antes de que se formaran las estrellas y los planetas. En consecuencia, tienen la misma edad: la del universo. Sin embargo, todos los átomos que no son hidrógeno en el Sistema Solar fueron sintetizados en estrellas de nuestra Galaxia antes de que se formaran el Sol y el Sistema Solar, hace poco más de 4 500 millones de años. De ahí nació la idea de que seríamos «polvo de estrellas», un término propuesto por Carl Sagan en su libro *Cosmos*[2], dado a conocer especialmente por Hubert Reeves, en su libro *Poussières d'étoiles* («Polvo de estrellas»)[3].

Así, la expansión del universo tiene una consecuencia importante: el ser humano tiene una historia, más allá de la que describe la evolución de las especies, extraída de la del propio universo.

Y es en el negro corazón del espacio, invisible al ojo humano, donde se escribe esta historia.

Ofrecer una historia al ser humano refuerza el corolario de una visión de la evolución en etapas sucesivas, haciendo retroceder su origen hasta el punto de marchitar su significado. Porque nuestra edad es diferente según los elementos, partículas o moléculas, simples o complejas, que nos constituyen.

Debido a que el hidrógeno contenido en todas nuestras moléculas se sintetizó durante el Big Bang, conocemos, gracias a este elemento, la edad del universo: casi 14 000 millones de años. El carbono y los demás elementos presentes en nuestras células se sintetizaron en estrellas de la Galaxia antes de que

---

[2] C. Sagan, *Cosmos,* Barcelona, Editorial Planeta, 1981. Traducción de Miguel Muntaner Pascual y María del Mar Moya Tasis.

[3] H. Reeves, *Poussières d'étoiles,* París, Seuil, colección «Science ouverte», 1984.

se formara el Sistema Solar, hace más de 4 500 millones de años. Según estos elementos, nuestra edad está, por lo tanto, en esta escala. Nuestro ADN, como molécula específica, es mucho más joven, si tenemos en cuenta que proviene del encuentro de «moléculas madre», de nuestros progenitores. Sin embargo, estas también son el producto de reacciones en el seno de generaciones anteriores: ¡su origen se diluye en el pasado!

De este modo, la visión cosmológica de un universo en expansión ha proporcionado la base para una profunda revolución conceptual. Sin embargo, esta revolución no requiere dejar a un lado de forma definitiva el dogma de la pluralidad de los mundos, porque afecta sólo de forma marginal a la posibilidad de invalidar o validar su realidad a través de observaciones. El acceso a la exploración espacial se iba a encargar de este aspecto.

¡Obviamente, los esfuerzos empleados para llegar al espacio no fueron dictados por razones científicas! Sin embargo, han abierto un campo considerable de investigación, especialmente para la astrofísica, al ofrecer la posibilidad de observar la Tierra como un todo y el universo más allá del filtro que constituye la atmósfera de la Tierra. También abrió un camino que entonces era sólo ficción, incluso a veces ciencia ficción: explorar, de cerca, los otros mundos planetarios de nuestro sistema, incluso por medio de robots.

Por primera vez en la historia de la humanidad, principalmente a través de la exploración espacial, la cuestión de la existencia de vida en otro lugar que no fuera la Tierra iba a ser extraída del dominio dogmático para convertirla en un tema de investigación científica.

La multiplicación de observaciones, con una precisión sin precedentes, ha aumentado considerablemente el campo de preguntas. ¿Hasta qué punto lo que observamos en la Tierra se encuentra en otros lugares? ¿Qué hay de *genérico* en las propiedades terrestres, y cuáles son aquellas marcadas por una profunda singularidad, especificidad? ¿Acaso hay en la superficie de otros planetas océanos, accidentes geográficos similares a montañas, volcanes u otras formas relacionadas con el movimiento del manto y la corteza, en una «tectónica de placas» similar a la que esculpe la superficie de la Tierra, durante decenas o incluso cientos de millones de años? ¿Nuestra atmósfera, cuya composición y propiedades físicas han evolucionado constantemente a lo largo de la historia de la Tierra y han permitido el desarrollo de una biosfera, ha tenido, en algún momento, equivalentes alrededor de otros planetas? ¿Se ha detectado una cobertura de nubes similar en otros lugares, algo que en la Tierra afecta a más de la mitad de la superficie y juega un papel importante en el equilibrio térmico?

Si bien cada una de estas características puede tener equivalentes en otros lugares, no hemos encontrado ninguno que las reúna todas.

Este número creciente de nuevas preguntas a las que las observaciones intentan proporcionar respuestas, alimenta a su vez un número creciente de modelos y representaciones. Su validación, característica de un enfoque científico (que, de forma permanente, e inherentemente, es puesta en cuestión), implica que se pueden formular predicciones que, a su vez, serán invalidadas o confirmadas por nuevas observaciones. La exploración espacial ha estado, desde sus inicios, involucrada en la pluralidad de los mundos.

Objetivo: ¡Luna!

La Luna es el objeto extraterrestre más familiar, debido a su proximidad, que permite la observación directa. Mucho antes de la era espacial, ya se soñó, si no se pensó, que sería accesible.

La Luna fue, naturalmente, el objetivo de la primera salva de misiones que se liberaron de la gravedad de la Tierra. Se convirtió (y sigue siendo) en el único objeto visitado por los humanos, junto con lo que probablemente pasará a la historia como el programa espacial más impresionante de Estados Unidos: Apolo. Sus principales beneficios han alimentado avances científicos y tecnológicos totalmente esenciales.

Figura 1. Esta película de 14 minutos de Georges Méliès, fechada en 1902, cuya fuente literaria es, obviamente, la obra *De la Tierra a la Luna,* de Julio Verne, se considera pionera del cine de ciencia ficción.

Sin embargo, Apolo no fue el primer programa lunar. De enero a octubre de 1959, pocos meses después del éxito del Spútnik 1, la Unión Soviética lanzó tres sondas a la Luna. Luna 1 fue la primera nave espacial en liberarse de la gravedad de la Tierra el 2 de enero de 1959.

Había nacido la *exploración espacial* del Sistema Solar.

A la tercera misión lunar soviética, Luna 3, planeada para celebrar lo que suponía tan sólo el segundo aniversario del Spútnik 1, se le asignó un objetivo muy ambicioso, que marcó una fecha esencial: ya no pretendía estrellarse en la Luna, sino pasar a una distancia muy cercana, calculada para permitir que la sonda entrara en la órbita lunar. De esta manera, pasaría detrás de la Luna, sobrevolando su lado oculto, nunca antes observado: el efecto de marea inducido por la Tierra hace que la Luna gire sobre sí misma con una duración igual a su revolución alrededor de la Tierra (un mes): la Luna siempre apunta la misma cara hacia la Tierra.

La atracción gravitatoria entre dos objetos tiende a distorsionar la distribución de su materia creando dos abultamientos simétricos alineados según la recta que une sus centros. Esto explica por qué las mareas oceánicas, resultado del efecto de la Luna sobre la Tierra, se repiten con una periodicidad de aproximadamente 12 horas. Puesto que la amplitud de la deformación es mayor cuanto mayor sea la masa del objeto atraído y cuanto menos rígida sea su materia, el efecto de la Luna en la Tierra se ejerce principalmente sobre los océanos. El efecto recíproco de la Tierra sobre la Luna, por otro lado, afecta al propio material mineralógico lunar, y modifica su forma creando dos abultamientos rígidos. A medida que la Luna «gira» alrededor de la Tierra haciendo una revolución en un mes, la gravedad del planeta tiende a mantener estos abultamientos alineados con él: hace que la Luna gire sobre sí misma de manera que un giro completo, una rotación, dure lo mismo que su revolución alrededor de la Tierra. La rotación y la revolución están sincronizadas, y la Luna siempre nos oculta un hemisferio casi entero.

En cuestión de meses, los ingenieros e investigadores soviéticos construyeron el antepasado de las cámaras electrónicas que desde entonces se ha utilizado en todas las sondas espaciales. El principio todavía se derivaba directamente del uso de cámaras fotográficas de «película». El instrumento fue capaz, controlado desde tierra y en el acto, de tomar fotografías, revelarlas y luego fijar las placas: todo a bordo de la sonda. Lo siguiente era enviar a la Tierra, no las placas en sí, sino la información contenida en estas imágenes: se «leían» con un haz oscilante de electrones que transformaba la intensidad de los grises en una señal eléctrica sobre un detector equipado con un fotomultiplicador. Esta señal se transformó en una onda, similar a la de las ondas hercianas de la televisión, y se envió a la Tierra, donde el proceso inverso hizo posible reconstruir la imagen. En resumen, ¡las primeras imágenes tomadas en el espacio fueron las de la cara oculta de la Luna! La exploración espacial hizo posible ver lo invisible...

La gran sorpresa llegó cuando se recibieron las imágenes: ¡los dos lados no eran iguales! En el lado visible, «mares» oscuros destacaban entre los «continentes» claros, todos mal denominados, ya que en la superficie de la Luna no hay ni agua ni mar ni continentes, sino dos tipos diferentes de terreno, de historia y, por lo tanto, de composición. En cuanto al lado oculto, resultó estar muy desprovisto de «mares». Esta anisotropía, que se entenderá más adelante, está relacionada con la de sus capas profundas. Las únicas estructuras que mostraron estas imágenes fueron numerosos cráteres, a todas las escalas observables, que las siguientes misiones confirmaron y permitieron interpretar. No son el resultado de la actividad volcánica, sino del bombardeo incesante sufrido por la Luna, durante varios miles de millones de años, de objetos de todos los tamaños, principalmente procedentes del cinturón de asteroides: una gran área situada entre las órbitas de Marte y Júpiter, poblada por muchos objetos cuyo tamaño varía desde granos milimétricos hasta cuerpos de varios cientos de kilómetros. La masa total de estos asteroides equivaldría a la de un planeta pequeño. En las muestras que se recibieron posteriormente, se observaron «microcráteres» en los propios granos lunares: la craterización, visible en el disco lunar con simples binoculares, es un fenómeno que se extiende a escala microscópica.

Debido a que no está sujeta a una intensa actividad geológica, que podría haber borrado gradualmente sus huellas, la superficie de la Luna ha conservado la memoria de estos impactos, que en ese momento afectaron de manera similar a todos los objetos del Sistema Solar. Esto permite estimar sus efectos, ya que las huellas de estos fenómenos han desaparecido de la superficie de otros objetos como la Tierra, cuya actividad ha renovado la superficie. Una imagen de nuestro planeta tomada hace miles de millones de años habría mostrado una superficie plagada de cráteres de impacto de todos los tamaños. Habría sido interesante conocer su ubicación, porque corresponden a terrenos de una composición muy llamativa. Durante un impacto, las rocas liberan sus elementos más volátiles a la atmósfera y enriquecen el suelo con metales más pesados de forma localizada, los cuales pueden ser el origen de depósitos metalíferos. Algunas de las propiedades fisicoquímicas y, por lo tanto, socioeconómicas, del material que compone la superficie del planeta, provienen de esta historia.

Por ejemplo, al analizar la superficie lunar, llena de cráteres, se pudo evaluar la frecuencia promedio de impactos en función del tamaño de los objetos responsables, ¡afortunadamente, cuanto más grandes, más escasos! Cada año, una docena de objetos del tamaño de un puño caen sobre la península ibérica[4], y forman cráteres de unas pocas decenas de centímetros de diámetro. En su mayor parte, las caídas de estos «meteoritos» pasan desapercibidas. Para objetos de unos pocos metros, la frecuencia promedio de impactos es de uno en decenas

---

[4] Unos 17 000 meteoritos caen al año sobre la Tierra según un estudio publicado en la revista *Geology*: «The spatial flux of Earth's meteorite falls found via Antarctic data», *Geology* (2020) 48 (7): 683-687. https://doi.org/10.1130/G46733.1 *[N. de la T.]*.

de miles de años sobre la superficie de los continentes de la Tierra: el más famoso de los últimos dio forma al cráter Barringer (*Meteor Crater*, para los hablantes de inglés), en Arizona, hace unos 50 000 años. Para objetos de unos pocos kilómetros de tamaño, la probabilidad de un encuentro con la Tierra es muy baja y se mide en decenas o incluso cientos de millones de años.

Una extinción por casualidad

Precisamente a este evento se le atribuye, en general, la más masiva, famosa y espectacular desaparición de dinosaurios hace unos 65 millones de años. Hay quienes han propuesto que las potentes erupciones volcánicas, que causaron los flujos de lava de los «trapps» del Deccan, en el oeste de la India, también contribuyeron a esta extinción.

El impacto se habría localizado en México, al norte de Yucatán, cerca de la actual localidad de Chicxulub Puerto. A los incendios causados por el choque, les habría seguido un fuerte enfriamiento global de la superficie de la Tierra: la gran cantidad de polvo y hollín inyectados por el impacto en la atmósfera, hasta altitudes muy elevadas, así como la presencia de aerosoles y gases de azufre, habrían filtrado considerablemente la luz solar, con su consiguiente reducción y la creación de un «invierno de polvo» de varias estaciones. Los granos microscópicos tardan meses o incluso años en caer a la superficie. Por tanto, la vegetación habría sido destruida de forma masiva, lo que privó de alimento a las especies herbívoras de gran tamaño con importantes necesidades nutricionales.

Esta extinción también habría favorecido la proliferación de mamíferos menos exigentes, de tamaños más pequeños, incluyendo los lejanos ancestros de los humanoides...

Estos mamíferos convivieron con las especies presentes antes de la desaparición de los dinosaurios gigantes. El impacto de un asteroide de grandes dimensiones, un evento muy improbable, cambió considerablemente el contexto evolutivo del mundo vivo: los pequeños mamíferos, y no exclusivamente los herbívoros, se adaptaron mucho mejor. Su presencia no «emergió», por «generación espontánea», de este impacto: este evento, al reducir a los depredadores, creó condiciones favorables para su desarrollo.

La intensidad de este efecto está relacionada con el tamaño, la concentración y la composición de las partículas inyectadas en la atmósfera, especialmente con su contenido en compuestos de carbono y azufre. Sin embargo, según algunos especialistas, este impacto habría afectado a una región particularmente rica en hidrocarburos y en materiales compuestos de azufre atrapados en rocas sedimentarias. Si bien fueron identificados en esta región al norte de Yucatán, se trata de elementos bastante escasos en la superficie de la Tierra. Esto significa que, si el asteroide hubiera golpeado un área de diferente composición, el nivel de extinción podría haber sido extremadamente reducido y sus consecuencias en la evolución totalmente diferentes.

Este impacto y su efecto propuesto sobre esta extinción masiva son una buena ilustración del importante papel de la contingencia en los caminos evolutivos, ya que responde a la «casualidad» de un evento imprevisto y al contexto en que se produjo, lo que favoreció el desarrollo de algunas de las especies presentes en el lugar, menos afectadas.

La casualidad de la que hablamos no refleja que la trayectoria del bólido que impactó, o incluso la posición de la Tierra en el momento del impacto, fueran aleatorias. Están perfectamente determinadas por el conjunto de condiciones previas al movimiento de estos objetos, que son parte de procesos deterministas. Explica la independencia de las dos dinámicas, la del bólido y la de la Tierra, así como la inmensidad del espacio y de las posibles configuraciones para colisiones de este tipo. Hace que la probabilidad de que haya ocurrido sea tan pequeña que escape a cualquier posible predicción.

Apolo y Luna, muestras lunares traídas a la Tierra

Volvamos a la Luna: su exploración experimentó un repunte inesperado y prodigioso tras el vuelo pionero del primer cosmonauta, Yuri Gagarin, el 12 de abril de 1961. En el campo espacial, con el Spútnik, Laika y las misiones Luna, la Unión Soviética ya estaba en cabeza. Sin embargo, este fue un golpe magistral, el más insolente. La Guerra Fría estaba en auge, John Fitzgerald Kennedy acababa de asumir el cargo de presidente de Estados Unidos. Todos sus conciudadanos esperaban una reacción a la hazaña de Gagarin: ¿cuál sería su propuesta para recuperar el control y el «liderazgo» geoestratégicos?

El margen de maniobra era muy estrecho: ¿qué podía ser más espectacular? La respuesta llegó el 25 de mayo de 1961, en un discurso ante el Congreso y el Senado[5], en el cual J. F. Kennedy lanzó el programa Apolo: antes del final de la década, un estadounidense pondría un pie en la Luna. Asesinado en Dallas poco más de dos años después, Kennedy no vería el resultado: ¡el inmenso éxito de las misiones lunares Apolo ha superado todas las esperanzas depositadas en ellas aquel día!

A día de hoy, no ha vuelto a lanzarse ningún programa espacial civil de esta magnitud. Su importancia programática, tecnológica, científica y cultural sigue siendo incomparable.

Lo que supuso un verdadero golpe de efecto fue que, cuando se decidió lanzar este programa, la tecnología necesaria no estaba preparada: en electrónica, acabábamos de cambiar de lámparas y tubos electrónicos a transistores. Habían aparecido los circuitos integrados, pero aún no se habían hecho confiables hasta el punto de poder utilizarse en el espacio. Por lo tanto, aunque los tiempos de reacción de los sistemas electrónicos se habían reducido considerablemente, seguían siendo demasiado altos para satisfacer las limitaciones de un vuelo espacial de una complejidad nunca antes requerida, necesaria

---

[5] El vídeo del discurso de John Fitzgerald Kennedy está disponible en el sitio web de la Biblioteca y Museo Presidencial con el número TNC-200-2.

para el éxito de una misión tripulada cuyo objetivo era ¡ir a la Luna, posarse en su superficie y luego volver! Esta es la razón por la cual una gran fracción del presupuesto asignado al programa Apolo permitió el surgimiento de Silicon Valley, donde se desarrolló la microelectrónica que, desde entonces, ha invadido tantos campos de la actividad humana. Más allá de la bandera estadounidense plantada por Neil Armstrong y Buzz Aldrin en el Mar de la Tranquilidad el 20 de julio de 1969, bajo la mirada de Michael Collins, que permaneció en la órbita lunar, el liderazgo geoestratégico volvía a ser estadounidense (véase la Figura 2, p. 129).

El programa Apolo no «creó» la microelectrónica, que ya se estaba gestando: fue la decisión coyuntural de alcanzar el éxito en misiones humanas a la Luna la que favoreció considerablemente su desarrollo. El papel de estas contingencias para amplificar o guiar ciertos caminos evolutivos específicos, como vimos en el caso del desarrollo de los mamíferos tras la desaparición de los dinosaurios, se repetirá en múltiples campos, especialmente en el ámbito de los organismos vivos.

Mientras se realizaba el programa Apolo, la Unión Soviética desarrollaba su propio programa lunar centrado, no en vuelos tripulados, sino en robots, ya que estos no requerían de un gran salto tecnológico en electrónica. Esto abriría nuevas vías. Tres misiones lunares, Luna 16 (1970), Luna 20 (1972) y Luna 24 (1976), robots totalmente automáticos, lograron aterrizar en la superficie de la Luna, recolectar muestras, colocarlas en una cápsula de retorno ubicada en la parte superior de un cohete, y lanzarlas de nuevo para regresar a la Tierra. Fueron las primeras misiones de recolección y devolución automática de muestras extraterrestres. Todas estas muestras se recuperaron según lo planeado, antes de ser distribuidas a varios laboratorios, incluido el nuestro, en Orsay[6], para su análisis.

---

[6] El autor se refiere al Instituto de Astrofísica Espacial de Orsay (Francia), centro mixto del CNRS y la Universidad París-Saclay, donde desarrolla su labor investigadora [N. de la T.].

Aún mejor, la misión Luna 24 logró una perforación con recuperación de testigo, en la que se obtuvo una muestra de casi tres metros de profundidad, sin mezclar, sin perder la posición relativa de las diferentes capas (véase la Figura 3, p. 130). Esto supone, en sí mismo, una hazaña técnica nunca repetida hasta hoy, efectuada en la década de 1970 y totalmente automática. Porque no se trataba de perforar 3 metros para tomar las muestras más profundas (lo que ya habría sido un reto nunca intentado antes), sino de obtener un testigo de tres metros de profundidad que contuviera toda la muestra preservando su estratificación. Debido a que obviamente era imposible colocarlo tal cual en un cohete y luego hacerlo atravesar la atmósfera terrestre, se desarrolló un ingenioso sistema para enrollarlo en forma de caracol de menos de 40 centímetros de diámetro, manteniendo intacta la posición relativa de las muestras. Luego, se instaló en la cápsula de retorno, integrada en la parte superior de un cohete dirigido hacia la Tierra (más precisamente, hacia Kazajistán). Y todo esto de forma totalmente automática, en un proceso dirigido por comandos desde el centro de control, en Moscú. Una vez recuperada y transferida al Instituto Vernadsky de Geoquímica, la muestra resultó estar intacta...

Esta hazaña técnica tenía, por supuesto, un propósito científico importante. Los granos lunares, hoy enterrados, estuvieron antaño en la superficie, de manera que, a mayor profundidad, más atrás en el tiempo: fueron cubiertos por montones de polvo expulsados por sucesivos impactos de meteoritos, a un ritmo de, aproximadamente, un metro cada mil millones de años. El análisis de los granos extraídos de este testigo a diferentes profundidades permitió seguir la evolución de las propiedades del medio interplanetario y, en particular, del Sol y de su «viento solar», ¡de los últimos 3 000 millones de años!

Actualmente, esta habilidad técnica (la recolección automática de muestras extraterrestres) es muy valorada a la hora de programar nuevas misiones de retorno de muestras, tanto procedentes de asteroides como de la propia Luna. ¡China hizo, en el año 2020, una admirable demostración con su misión Chang'e 5, a la que seguirá, con Chang'e 6, una recogida de muestras que debería realizarse en el lado oculto de la Luna! A nivel internacional, el siguiente paso, un retorno de muestras de Marte, debería marcar una etapa en la exploración espacial de la próxima década.

Sin embargo, en aquel momento, los éxitos de las misiones Luna soviéticas sólo podían verse eclipsados por la hazaña histórica que supuso el éxito pionero de las misiones tripuladas Apolo.

A nivel científico, el hecho de haber recogido y traído de vuelta a la Tierra más de 380 kilos de muestras, procedentes de nueve yacimientos diferentes (la mayoría de ellas recogidas por las seis misiones Apolo que aterrizaron, desde el Apolo 11, en 1969, hasta el Apolo 17, en 1972), ha encadenado una serie de descubrimientos esenciales, a través de una estrategia de investigación científica extremadamente fructífera (véase la Figura 4, p. 131). Cualquier equipo podía presentar una solicitud de muestras específicas de Apolo, justificadas por un propósito explícito, mencionando el equipamiento que se iba a utilizar. En particular, tenían que demostrar que contaban con instalaciones de limpieza y seguridad muy estrictas. Un comité de expertos tomaba la decisión de seleccionar (o no) las propuestas. Las muestras, pesadas al miligramo, se transferían después, en forma de préstamo, al equipo, que debía informar sobre los análisis realizados: anualmente, en concreto la tercera semana de marzo, se celebraba una reunión en Houston ante los científicos y expertos... hasta hoy, incluso con la expansión vivida por este campo de investigación. De este modo, la presión se ha mantenido al más alto nivel, al igual que el grado de intercambio de información. Una vez completadas las mediciones, las muestras debían ser devueltas a la NASA, después del pesaje, junto con los detalles y justificaciones de todos los tratamientos realizados. Varios cientos de equipos de todos los continentes participaron en estas investigaciones.

Aún no somos conscientes de la importancia de lo que nos han aportado: se han integrado tan rápido en el patrimonio científico que olvidamos cuál era el estado del conocimiento justo antes. Lo ilustramos con un ejemplo.

Estas muestras eran tan valiosas que requerían una mejora espectacular de las técnicas analíticas con el fin de reducir la cantidad de material necesario para las mediciones, que a menudo tenían que efectuarse a escalas microscópicas. Con ello, hicieron posible aplicarlas no sólo a muestras lunares, sino también a una amplia variedad de muestras disponibles en laboratorios, terrestres por supuesto, pero también meteoríticas, independientemente de cuál fuera su origen, ya provinieran de cometas, asteroides o incluso planetas. Por ejemplo, la edad de los objetos de los que se extrajeron estas muestras puede determinarse midiendo concentraciones diminutas de elementos particulares de origen «radiogénico». Así es como se denomina a los elementos que provienen de la transformación de otros elementos a través de reacciones de «radiactividad». Así, el uranio se transforma en plomo, el potasio en argón, el rubidio en estroncio, durante periodos conocidos, medidos en miles de millones de años. La concentración de elementos radiogénicos permite evaluar la duración necesaria para su producción y, por lo tanto, la «edad» del cuerpo estudiado desde el momento (su «nacimiento») en que dio comienzo esa transformación.

Sorprendentemente, se ha obtenido una edad única, cercana a los 4 560 millones de años, que se remonta a la época en la que estos objetos se formaron y comenzaron su evolución autónoma partiendo de un reservorio común. Esto confirma y extiende a todo el Sistema Solar los 4 550 millones de años medidos para la Tierra por Clair Patterson en 1956.

Por lo tanto, todos los objetos tienen un origen común, lo que valida la hipótesis de que provienen del colapso de la misma «nebulosa» protosolar, usando la expresión propuesta por Emanuel Svedenborg, Immanuel Kant y Pierre-Simon de Laplace en el siglo XVIII. Era necesario abandonar definitivamente la hipótesis alternativa de un origen catastrófico de los planetas, de la que Buffon fue en su tiempo partidario: propuso que las colisiones con el Sol habrían expulsado, en distintos momentos, fragmentos que se habrían solidificado como planetas. Hoy ya no se discute el hecho de que el Sol y los objetos planetarios tienen el mismo origen y constituyen un sistema: el Sistema Solar.

La Tierra, la Luna, los planetas, los asteroides, todos se formaron al mismo tiempo, del mismo material, en el mismo punto de nuestra Galaxia: un perfecto origen común.

Esto también encaja perfectamente con el antiguo postulado, reintroducido por Nicolás Copérnico y Giordano Bruno, de la banalidad de la Tierra como planeta: dado que no se contaba con observaciones de las propiedades de los planetas, sino que sólo eran conocidas sus propiedades dinámicas (las cuales, a su vez, les conferían la condición de planetas), la Tierra, extraída de su centralidad y «trivializada» por su movimiento orbital, podría erigirse como ejemplo en sus otras propiedades.

Los comienzos de la era espacial estaban impregnados de esta visión; el programa Apolo no se desmarcó, como ilustra la espectacular primicia que ofreció. El 18 de septiembre de 1968, una sonda automática soviética, Zond 5, realizó un vuelo circunlunar a baja altitud. En la NASA se echaron a temblar: ¿estaban los soviéticos cerca de enviar hombres a la Luna y superar nuevamente a los estadounidenses? La NASA decidió cambiar el objetivo de la misión Apolo 8, programada para diciembre de 1968. Debía permanecer en órbita terrestre para probar sistemas orbitales, ya que el módulo para el descenso a la Luna aún no estaba listo. La NASA decidió que el *Apolo 8*, con su tripulación, dejaría la gravedad de la Tierra para alcanzar la órbita lunar, rodearla antes de regresar a la Tierra y que los estadounidenses fueran los primeros en lograr, al menos, esta hazaña.

Efectivamente, por primera vez en la historia, tres hombres, los astronautas estadounidenses William Anders, Frank Borman y Jim Lowell, llegaron a la Luna y, aunque es cierto que no aterrizaron, tomaron esta fabulosa imagen, vista desde la órbita de la Luna, de una salida de la Tierra ¡que aparece en primer plano! (Véase la Figura 5, p. 132).

La historia quiso que este mismo Jim Lowell regresara a la órbita lunar sin lograr aterrizar: comandante de la misión Apolo 13, se vio obligado a abandonar el descenso por un fallo técnico que pudo resultar fatal. Consiguió, de forma extraordinaria, traer a su tripulación a salvo de vuelta a la Tierra.

Quizá el resultado más importante de esta misión Apolo 8 sea este: los tres astronautas, por primera vez en la historia de la humanidad, se alejaron lo suficiente como para tomar una serie de imágenes de la Tierra, global, esférica (véase la Figura 6, p. 133). Las primeras fotografías jamás tomadas por el ser humano de la Tierra como una bola flotando en el espacio, un planeta banal entre planetas... La Tierra ya no era sólo esta masa infinita bajo nuestros pies: ya no tendríamos que demostrar que es redonda, ni invocar las «cuatro esquinas» o «el confín del mundo». ¡Hay un antes y un después del Apolo 8!

Se necesitaron décadas para que la exploración espacial cambiara profundamente la interpretación de estas imágenes de la Tierra vista desde el espacio, no para quedarnos sólo con lo que la hace semejante a otros planetas, sino para lo que la hace diferente en la mayoría de sus propiedades: la Tierra tiene una cubierta oceánica, nubosa y atmosférica, totalmente singular. ¡De ser vulgar, la Tierra pasaría de nuevo a ser única!

¿Íbamos a volver a la visión precopernicana de la Tierra? La exploración espacial resultaría mucho más fructífera, al poner de relieve los mecanismos responsables de estas singularidades, totalmente insospechadas en siglos anteriores. Y el enfoque científico de la realidad sacudiría muchas certezas.

Uno de los puntos de inflexión proviene de los resultados de las mediciones realizadas en las propias muestras lunares, especialmente las relacionadas con el origen de la Luna. En la época del programa Apolo, se propusieron tres escenarios: captura gravitatoria por la Tierra de un objeto preexistente, coformación con la Tierra, y expulsión centrífuga de un pedazo de la Tierra cuando esta era de composición fluida. Los análisis de laboratorio de las muestras lunares tuvieron que decidir entre ellos: ¡no validaron ninguno de los tres! Hubo de construirse un cuarto escenario.

Se propuso ya a mediados de la década de 1970: la Luna se habría formado como resultado de un impacto gigante sufrido por la Tierra, varios millones de años después de su propia formación, por un objeto de masa muy grande, similar al actual planeta Marte.

Fueron William K. Hartmann y Donald R. Davis quienes publicaron, por primera vez, en 1975, la hipótesis según la cual los planetas se formaron al mismo tiempo que otros objetos similares, con los cuales algunos chocaron. Propusieron que la Tierra sufrió uno de estos choques, que causó la expulsión de granos refractarios, empobrecidos en los compuestos que se volatilizaron en el impacto, lo cual explicaría las composiciones particulares de las muestras lunares. Al año siguiente les siguieron Alistair G. W. Cameron y William R. Ward.

Tía es el nombre que a veces se le da al objeto que impactó, en referencia a la titánide Tía de la mitología griega: hija de Urano (el Cielo) y Gea (la Tierra), habría dado a luz a Selene (la Luna), así como al Sol (Helio) y al amanecer (Eos).

Este impacto habría expulsado una gran fracción de las capas externas de la Tierra que, mezcladas con el material de Tía, formaron un disco circunterrestre de grandes dimensiones, parte del cual habría experimentado un proceso de acreción hasta formar un objeto bastante masivo: la Luna.

Este escenario, además de arrojar luz sobre el origen de la Luna, cambiaría nuestra concepción de la dinámica primordial del Sistema Solar y de su papel en la evolución planetaria.

En los años que sucedieron al anuncio de esta hipótesis se descubrió que el impacto habría moldeado no sólo las propiedades de la Luna, sino también una gran parte de las de la Tierra. Entre ellas se incluiría la estabilidad de su clima a lo largo de miles de millones de años, lo que habría favorecido la sostenibilidad de los océanos, un factor esencial en la evolución de las estructuras vivas que se han desarrollado en los mismos.

Paralelamente, se llegó a la conclusión de que estas propiedades evolutivas podrían ser muy sensibles a las características del impacto inicial: relación de masa entre el objeto que impactó (Tía) y el impactado (la Tierra), velocidad y geometría del choque, composición de Tía, etc. Algunas de las características fundamentales de la Tierra (especialmente las de su superficie y atmósfera) y la existencia misma de una biosfera, podrían haberse visto profundamente marcadas, moldeadas, por estas características: ¡contingencias esenciales!

Otros parámetros habrían llevado a desarrollos completamente diferentes. Y, de hecho, sólo en el Sistema Solar, todos los objetos planetarios, aunque bajo diferentes condiciones, han podido sufrir colisiones de este tipo que han dado lugar a evoluciones muy diferentes.

La Tierra podría no ser el planeta banal sugerido por la revolución copernicana, por las propuestas de Giordano Bruno y por la demostración física de la existencia de leyes comunes que operan a todas las escalas en el universo. Los cimientos del dogma de la pluralidad de los mundos comenzaban a sufrir sus primeras sacudidas: ¿víctima colateral del escenario de formación de la Luna?

Capítulo 3
De la pluralidad a la diversidad de los mundos

La misma etimología de la palabra planeta (del griego πλανήτης, estrella móvil, errante, vagabunda), está relacionada con su observación: si las estrellas se observan a simple vista desde el mismo lugar, cada noche consecutiva, en la misma posición en el cielo, construyendo un marco de referencia para orientarse, a veces aparece un número muy pequeño de otros objetos dispersos. Hay noches, con o sin Luna, en las que esta se encuentra, noche tras noche, en posiciones desplazadas con respecto a las estrellas hasta hacer un giro completo en un mes. Hay veranos en los que Júpiter brilla intensamente, a veces lo hacen Saturno o Marte y, muy a menudo, es Venus el que, muy temprano por la mañana o justo después de que el Sol se haya puesto, también luce en el cielo... Por lo tanto, es su posición variable, en el espacio y el tiempo, la que ha hecho que los planetas puedan ser identificados y caracterizados. Desde los inicios de la Antigüedad se han propuesto modelos cosmogónicos con el fin de explicar su movimiento. Las observaciones, hechas a simple vista hasta el siglo XVII, eran lo suficientemente imprecisas como para permitir que los dogmas impusieran sus hipótesis; ¡la circularidad de las órbitas, pensadas como perfección, así como la afirmación de una posición central e inmóvil de la Tierra, podrían haber tenido una larga vida!

Cuando la revolución copernicana eliminó el papel central de la Tierra, inmediatamente lo convirtió en un planeta ordinario por la naturaleza de su movimiento, ya que ahora el Sol era el motor tanto de la Tierra como del resto de planetas observables. Un planeta pasaba de ser un objeto errante a convertirse en un objeto que «giraba» alrededor de una estrella, es decir, sujeto al campo de atracción de una estrella central. Tanto es así que es a esta, al Sol en el caso del Sistema Solar, a quien generalmente se le ha atribuido la responsabilidad esencial de la evolución planetaria.

En los albores de la exploración espacial, en ausencia de observaciones detalladas de otros mundos planetarios, la Tierra y los planetas compartían los ingredientes que los hacían objetos similares, si no en todas sus propiedades (porque la observación con telescopios indicaba muchas diferencias), al menos en su «naturaleza» planetaria. Bajo el peso de una creencia tenaz en la existencia de vida en otros lugares que no fueran la Tierra, la pluralidad de los mundos pudo florecer sin ser molestada. ¡La interpretación de las primeras imágenes de la Tierra global, tomadas desde el espacio a bordo del *Apolo 8,* lo tenía todo para consolidarse!

Por supuesto, la icónica imagen de la salida de la Tierra con la Luna en primer plano ilustra, tan sólo por el contraste de colores, una diferencia fundamental y profunda entre la Tierra y la Luna: un planeta blanco y azul que destaca en el horizonte frente a un suelo lunar plagado de grises y negros. Sin embargo, ofrece pocas pistas que permitan distinguir la Tierra de otros planetas.

Hemos debido esperar hasta nuestros días, tras varias décadas descifrando comparativamente los mundos planetarios, para llegar al punto en que, lo que domina, ya no es lo que los planetas tienen en común (estar sometidos a los campos de gravedad y a la radiación solar), sino lo que los diferencia, como el hecho de que la Tierra aparezca blanca y azul. Como corolario, surge la tentación de identificar las razones.

Con el tiempo, el mismo término, planetas, ha visto evolucionar sus significados a través de la mejora en la caracterización de sus propiedades.

Marte es rojo: ¿y qué?

El primer desafío serio al estatus de «banalidad planetaria» de la Tierra, provino de las misiones de exploración de Marte. En 1968, incluso antes de que el programa Apolo resultara en el primer paso de un ser humano sobre la Luna, la NASA se lanzó a la siguiente etapa: posar robots en Marte. Lo lograron con el programa Viking, que tuvo como precursora orbital a la misión Mariner 9, lanzada en 1971. Las misiones Viking 1 y Viking 2 fueron diseñadas para posar sobre la superficie de Marte dos aparatos denominados *landers* (módulos de aterrizaje), enormes naves automáticas que pesaban más de 650 kilos cada una. Y debían hacerlo el 4 de julio de 1976: la celebración del 200 aniversario de la Declaración de Independencia de Estados Unidos de Gran Bretaña justificó un ambicioso objetivo científico. Siguiendo el paradigma de la pluralidad de los mundos, Marte fue considerado el planeta más favorable para albergar condiciones que ampararan formas de vida: la misión Viking fue, sin duda, la primera misión «exobiológica».

Marte debe su nombre a su color rojo: por asimilación del rojo al color de la sangre, Marte tomó prestado su nombre del Dios de la Guerra, primero de los griegos (Ἄρης, Ares) y luego de los romanos (Mars). Hasta que su color se interpretó como consecuencia del óxido, especialmente a partir del siglo XIX. Los óxidos ferrosos de su suelo se habrían oxidado en óxidos férricos. ¿Oxidado? ¡Por agua! ¡Y, quien dice agua, dice vida! A través de estos silogismos Marte pasó de ser el planeta de la muerte a ser el planeta de la vida.

En la época de las misiones Viking, la convicción de que las estructuras vivas podían existir en la superficie de Marte era todavía tan fuerte que el objetivo no era tanto confirmarlo, ¡sino caracterizar el metabolismo de la vida marciana!

¿Acaso la aportación de energía provenía, como en el caso de las plantas terrestres, de una asimilación de dióxido de carbono, liberando oxígeno o, como para los mamíferos en la Tierra, de una absorción de oxígeno que expulsa dióxido de carbono?

Para ello se desarrollaron cuatro instrumentos extremadamente potentes y eficaces. Representan la primera generación de instrumentos que pueden describirse como exobiológicos. Para las misiones Viking, un brazo manipulador tenía que tomar muestras y verterlas en cada uno de los instrumentos, donde recibirían una solución de sustancias nutrientes. A continuación, se analizarían los productos resultantes de las reacciones: así podría materializarse la posible acción de estos nutrientes sobre los organismos vivos, incluso si estos se hallaban en estado latente (véase la Figura 7, p. 134).

Las dos misiones Viking fueron un inmenso éxito. La NASA[1] y, sobre todo, el JPL[2], responsable de la mayoría de las misiones robóticas en Estados Unidos, han demostrado una impresionante habilidad técnica sin parangón. Los dos *landers* aterrizaron sin problemas en los dos sitios previstos, separados por más de 6000 kilómetros de distancia, y efectuaron sus experimentos a la perfección.

Una vez transmitidos e interpretados en la Tierra, los tan esperados resultados no cumplieron con las esperanzas de gran parte de la comunidad científica involucrada. Efectivamente, las muestras de suelo marciano, bajo el efecto de los reactivos inyectados, habían sintetizado nuevos compuestos. Sin embargo, no era necesario invocar la acción de procesos biológicos para interpretar los resultados. Una actividad hiperoxidativa bastaba para explicarlos. La hipótesis de la existencia de estructuras vivas en la superficie de Marte, que era (¡y sigue siendo!) objeto de intenso debate y controversia, no fue verificada, al menos en los dos sitios elegidos y explorados por las naves Viking.

Estos resultados conllevaron la primera conmoción que sufriría el dogma de la pluralidad de los mundos...

Mientras las naves realizaban estos experimentos en la superficie, los dos *orbiters* (naves espaciales que permanecen en órbita), módulos específicos para la observación y retransmisión de la misión Viking, cartografiaron la superficie de Marte y caracterizaron (a la vez que revelaron) una amplia variedad

---

[1] La NASA (National Aeronautics and Space Administration) es la agencia espacial de Estados Unidos, creada en 1958.

[2] El JPL (Jet Propulsion Laboratory [«Laboratorio de Propulsión a Chorro»]) es el laboratorio espacial ubicado en Pasadena, cerca de Los Ángeles (California), responsable en particular de las misiones Viking, Voyager, Curiosity, Perseverance...

de estructuras. Dos casquetes polares mostraban depósitos de hielo de extensión estacional variable. Un hemisferio entero, al sur, aparecía cubierto de innumerables cráteres de impacto, como lo que acababa de observarse en la Luna, dando a Marte la apariencia de un cuerpo celeste «muerto», sin actividad, como ya se había visto en las veintidós imágenes tomadas diez años antes por la misión Mariner 4. Entre 1971 y 1972, Mariner 9 había hecho una primera cobertura global de Marte. Además de la superficie llena de cráteres del hemisferio sur, aquella misión había resaltado las estructuras volcánicas y de flujo, modificando significativamente nuestra idea de Marte como un astro «muerto». Marte tiene una enorme estructura volcánica, llamada Tharsis, de varios miles de kilómetros de ancho, así como volcanes, en número limitado, pero de dimensiones mucho mayores que las de los volcanes terrestres. El más gigantesco, Olympus Mons, se eleva a más de 25 000 metros. Se suman una red de cañones, llamada Valles Marineris (en honor a la sonda Mariner, que permitió el descubrimiento) y, especialmente, estructuras interpretadas como fluviales (por analogía y referencia terrestre), así como «canales de desbordamiento»...

Visto desde el espacio, Marte ofrece, por lo tanto, indicios de actividad, si no presente, al menos pasada, con signos que, en particular, podrían indicar la presencia de agua líquida: ¿podría haber albergado «formas de vida»?

Así, al permitir que surgieran estas preguntas, los orbitadores de la misión Viking mitigaron, e incluso compensaron, las frustraciones surgidas tras los análisis ejecutados por los módulos de aterrizaje, de aquellos que buscaban pistas, o incluso evidencias, de naturaleza exobiológica.

Para proponer una reescritura de la historia de Marte, y especialmente del papel que el agua puede haber desempeñado en ella[3], hemos tenido que esperar treinta años, que es el tiem-

---

[3] En mi libro *Mars, Planète bleue?* [«Marte, ¿planeta azul?»], París, Odile Jacob, 2009, puede encontrarse una exhaustiva discusión en torno a los resultados de las misiones a Marte, y en particular, de la misión Mars Express.

po que ha pasado hasta obtener los datos del instrumento OME-GA, que hemos desarrollado en el Instituto de Astrofísica Espacial de Orsay (Francia), en cooperación con el laboratorio LESIA (Laboratorio de Estudios Espaciales e Instrumentación en Astrofísica) del Observatorio de París y el IKI (Instituto de Investigación Espacial de Moscú)[4], a bordo de la misión Mars Express de la Agencia Espacial Europea (ESA), lanzada en junio de 2003 y todavía en funcionamiento veinte años después.

El suelo rojo, que cubre más de la mitad de la superficie de Marte, provendría de la oxidación de óxidos ferrosos a óxidos férricos (véase la Figura 8, p. 135). Por otro lado, el agua líquida no fue la responsable de esta oxidación (que es extremadamente superficial) que se debió, muy probablemente, a la acción de constituyentes atmosféricos hiperoxidantes (como el vapor de agua oxigenada, de fórmula H_2O_2). Estas moléculas, muy escasas, tardaron miles de millones de años en oxidar las pocas decenas de micrómetros superficiales de las regiones de menor altitud: debido a que la presión es mayor, la concentración de estas moléculas es suficiente como para enrojecer el suelo. Unos pocos miles de millones de años más, y todo Marte, polos excluidos, será rojizo...

Por otro lado, OMEGA ha identificado sitios, aunque no enrojecidos por la oxidación, donde los minerales superficiales han sido trabajados por la acción del agua líquida y han sido parcialmente transformados, más que en óxidos férricos, en arcillas y sales: estos terrenos son muy antiguos, en su mayor parte datan de hace más de 4000 millones de años, en un momento en que la atmósfera de Marte pudo haber sido lo suficientemente densa como para permitir que el agua líquida fuera «estable» durante periodos duraderos.

«Agua líquida» parece ser un pleonasmo, ya que el lenguaje común, cuando habla de agua, sólo evoca su estado líquido: los

---

[4] Los nombres de estas instituciones en sus idiomas originales son: Institut d'astrophysique spatiale d'Orsay, Laboratoire d'Études spatiales et d'instrumentation en astrophysique de l'Observatoire de Paris, Институт Космических Исследований [N. de la T.].

estados sólido y gaseoso están dotados de otros nombres (escarcha, hielo, granizo, nieve... para el estado sólido; vapor para el estado gaseoso).

Sin embargo, el agua, como cualquier constituyente, puede existir en tres estados fundamentales diferentes[5], sólido, líquido y gaseoso, cuya estabilidad depende de las condiciones de temperatura y presión: sólo pueden coexistir las tres formas en una única situación (denominada «punto triple»), con una temperatura y presión cercanas a 0 °C y 6 mbar[6] respectivamente. Fuera de esta configuración, muy particular, sólo pueden coexistir dos estados físicos, uno de los cuales es siempre el estado gaseoso: a cualquier temperatura siempre hay vapor de agua en equilibrio, ya sea con sólido o con líquido. Para el sólido, es simple: basta con que la temperatura sea baja, por debajo de aproximadamente 0 °C, aunque el valor preciso de esta temperatura varía con la presión. El líquido no es estable a estas bajas temperaturas: si se introduce agua líquida, se condensa inmediatamente. El líquido es estable sólo por encima de las temperaturas de estabilidad del sólido. Hay, sin embargo, una peculiaridad importante: existe una temperatura a la que se convierte completamente en vapor. Por lo tanto, el estado líquido es estable sólo entre esas dos temperaturas, la de condensación y la de evaporación completa. Esto último depende de la presión existente.

Lo conocemos bien: en la Tierra, la temperatura de evaporación es de 100 °C para una presión atmosférica cercana a 1 bar (la presión atmosférica promedio a nivel del suelo). Pero disminuye cuando la presión disminuye: en las montañas, debido a que la presión atmosférica decrece con la altitud, la temperatura a la que hierve el agua también disminuye: ¡la cocción es más larga! Cuanto menor sea la presión, menor será la temperatura de evaporación total. Como resultado, hay una

---

[5] Bajo ciertas condiciones extremas, a veces llamadas críticas, pueden existir otros estados.

[6] Un mbar (milibar) es una milésima parte de un bar, que corresponde a la presión atmosférica típica en la superficie de la Tierra.

presión (cercana a 6 mbar), en la cual se produce una evaporación completa... ¡a la propia temperatura de condensación! En un entorno donde la presión es igual o menor que este valor, *no hay*, por lo tanto, ningún rango de temperatura donde el agua líquida sea estable. El agua es sólida (en forma de hielo) por debajo de 0 °C, y se sublima *completamente* en vapor cuando la temperatura pasa por encima; a la inversa, por debajo de esa presión el vapor se condensa directamente en hielo, sin el paso intermedio del estado líquido, cuando la temperatura cae por debajo de 0 °C.

Sin embargo, la presión atmosférica actual en la superficie de Marte, que varía con las estaciones como resultado de la condensación invernal de dióxido de carbono atmosférico (CO_2, un componente que domina en gran medida su atmósfera), rara vez excede este valor.

Pero en el pasado podría haber sido diferente, lo que habría permitido que los cuerpos de agua líquida cubrieran, al menos parcialmente, la superficie de Marte.

Marte, en su evolución, no ha experimentado un borrado global de fases anteriores: ha conservado y preservado, en algunos lugares, sitios poco o nada modificados desde su formación. Y esto ha sido así a lo largo de toda su historia, incluida su fase más antigua, la de los cientos de millones de años que siguieron a la formación del propio planeta. Esta es una de las propiedades que hacen de Marte un planeta único y le dan un interés esencial.

¿Cómo podemos remontarnos a esas condiciones tan antiguas y descifrar cuáles eran las propiedades de Marte y su entorno en aquel momento? Tenemos una herramienta muy efectiva: el análisis de materiales que datan de esa época. La composición, la estructura, los agregados de minerales y rocas, señalan las condiciones de su formación y evolución: reflejan cuáles fueron las propiedades del sitio en el que se encuentran y permiten caracterizarlas.

Gracias a que, por primera vez, OMEGA ha permitido identificar remotamente la composición mineralógica y molecular de los terrenos de los que ha obtenido imágenes (con una precisión de unos pocos cientos de metros) se han iniciado el descubrimiento y la localización de lo más importante de estos terrenos: la identificación de minerales, como arcillas, trabajados por el agua durante miles de años o más, hace más de 4 000 millones de años. Al hacer posible la reescritura de la historia de Marte, se ha demostrado, en particular, que Marte experimentó una era (muy antigua, poco después de que se formara el planeta) durante la cual su entorno permitió que el agua líquida persistiera, en su superficie o en su subsuelo poco profundo, durante periodos lo suficientemente largos como para inducir profundas alteraciones mineralógicas que hoy podemos constatar. Además, la evolución posterior de Marte, un planeta menos activo que la Tierra, no ha borrado del todo las huellas de este periodo: todavía hay tierras que han conservado sus propiedades y que OMEGA ha identificado.

El instrumento CRISM, a bordo de la sonda Mars Reconnaissance Orbiter (MRO) de la NASA, lanzada dos años después de la Mars Express, ha completado y afinado los resultados de OMEGA; de hecho, la mayor parte del trabajo se ha efectuado en estrecha cooperación entre los equipos científicos de OMEGA y CRISM.

Las áreas caracterizadas y localizadas son sitios excepcionales para la futura exploración marciana porque todavía dan testimonio de las propiedades que tenía Marte poco después de su formación, en un momento en que el agua podría haber desempeñado un papel importante, especialmente para las investigaciones centradas en la exobiología.

Por primera vez, tres misiones espaciales de exploración de Marte, realizadas por róvers (vehículos con ruedas), optaron por explorar un lugar identificado por firmas mineralógicas que auguraban condiciones de un antiguo pasado hídrico de Marte. Dos se lanzaron en 2020: la estadounidense Mars 2020 y la china Tianwei-1, que llegaron indemnes e iniciaron su exploración. El lanzamiento de la tercera, ExoMars, desarrollada en cooperación entre la Agencia Espacial Europea y Roscosmos (la agencia espacial de Rusia), se pospuso a la siguiente ventana de lanzamiento[7]: en 2020 las pruebas de verificación de los sistemas de a bordo no se habían completado lo suficiente como para proceder a un lanzamiento, y el riesgo de no alcanzar el éxito esperado se consideró demasiado elevado. Programada y lista para su lanzamiento en septiembre de 2022, la misión fue suspendida debido al contexto geopolítico, dominado por la invasión rusa de Ucrania.

Con estas misiones, las preguntas cambiaron: ¿favorecieron las condiciones marcianas de la época una evolución química primordial del tipo que, en la Tierra, condujo al desarrollo de la vida tal y como la conocemos?

Un Titán tentador

Cuando se tuvieron los resultados de los módulos de aterrizaje Viking, la exploración espacial del Sistema Solar todavía estaba en su adolescencia: ¡sólo tenía diecisiete años! De los tres objetos ya visitados, la Luna, Marte y Venus, ninguno alberga agua líquida en su superficie. ¿En qué otro lugar del Sistema Solar teníamos la oportunidad de detectarla?

La observación con telescopios sólo indicó un posible candidato: Titán, el satélite más masivo de Saturno. En el espectro de luz solar que devolvía Titán se revelaba la presencia de un componente clave: el metano, CH_4. Este absorbe eficazmente la radiación solar en longitudes de onda muy particulares, especialmente en el rango espectral infrarrojo: su ausencia en la luz solar esparcida por Titán indica la presencia de metano en su atmósfera.

Esta molécula es tanto más importante cuanto que, precisamente por su absorción de radiación infrarroja, produce un efecto invernadero muy intenso: permite el paso de gran parte

---

[7] Las ventanas de lanzamiento favorables para lanzar una nave espacial desde la Tierra a Marte ocurren aproximadamente cada 25 meses.

de la luz solar incidente (que se encuentra principalmente en el rango visible), la cual calienta la superficie donde es absorbida. Por otro lado, bloquea la radiación infrarroja, que proviene de la emisión de la superficie calentada. Por lo tanto, estos gases causan un aumento en la temperatura de la superficie. Como Saturno y sus satélites están diez veces más lejos del Sol que la Tierra, Titán recibe cien veces menos energía solar: sin el efecto invernadero, la temperatura sería muy baja. Por otro lado, la existencia de un fuerte efecto invernadero podría elevar la temperatura de la superficie al nivel necesario para que el agua se encontrara en estado líquido. Habría llevado más tiempo que al nivel de la órbita terrestre, pero en 4 500 millones de años, ¡habría sucedido! Agua líquida y carbono gracias al metano: ¿acaso no podrían existir los ingredientes de la vida?

Tratar de responder a esta pregunta justificó la financiación del proyecto Grand Tour de la NASA, abandonado primero y luego reactivado bajo el nombre de programa Voyager, y que contó con dos misiones: Voyager 1 y Voyager 2. Su objetivo explícito era hacer un sobrevuelo cercano en Titán para detectar posibles lagos, géiseres u océanos acuosos a los que enviar una futura misión en busca de formas de vida. Para llegar tan lejos en un tiempo «corto», la alineación planetaria de finales de la década de 1970 ofrecía una trayectoria muy favorable, al realizar sobrevuelos sucesivos que actúan como hondas gravitatorias. ¡Pero había que hacerlo en 1977! El Congreso de Estados Unidos aprobó estas dos misiones de exploración espacial, que, al igual que las anteriores Viking, eran exclusivamente estadounidenses.

Las dos misiones Voyager se lanzaron con éxito y a tiempo. En particular, en 1979 pudieron realizar, en ruta hacia Saturno y Titán, un sobrevuelo de Júpiter y su sistema de satélites.

Las imágenes que obtuvieron de Júpiter, los múltiples remolinos y ciclones en su atmósfera, incluida la famosa mancha roja, han mejorado enormemente la comprensión de la dinámica de los planetas gigantes. Quizá las más inesperadas fueron las imágenes tomadas durante los sobrevuelos de las cuatro lunas principales de Júpiter, descubiertas por Galileo en 1610 gracias al telescopio que había construido: Ío, Europa, Ganimedes y Calisto, los «satélites galileanos». Galileo observó, desde el campanario de la plaza de San Marcos, en Venecia (desde donde hizo sus primeras observaciones «telescópicas»), que, noche a noche, cuatro objetos se movían alrededor de Júpiter (véase la Figura 9, p. 136).

Esta observación fue un descubrimiento verdaderamente importante. El Sol, alrededor del cual giran los planetas, no era, por lo tanto, el único centro de movimiento en el espacio. ¡Galileo concluyó que el movimiento de rotación era una propiedad genérica del cosmos!

Esta propiedad fue formalizada poco después por Newton con la «ley de la gravitación universal»: el cosmos se convirtió propiamente en el universo, el dominio de las leyes *universales*. Es destacable que, a día de hoy, con unos buenos binoculares (o, aún mejor, con un telescopio, aunque sea de muy poco rendimiento), cualquiera pueda hacer esta observación realizada por Galileo y que fue de consecuencias tan importantes para el establecimiento de las leyes físicas que rigen la evolución dinámica.

En los siglos que siguieron, la física extendió esta propiedad al establecer que, para dar cuenta de las observaciones realizadas desde escalas microscópicas hasta las del universo en su conjunto, son necesarias cuatro «fuerzas» fundamentales (en realidad «interacciones» que involucran vectores que transportan información): gravitatoria, electromagnética, nuclear fuerte y nuclear débil (véase el capítulo siguiente). Ahora se enfrentan a nuevas incógnitas que requieren que la física supere nuevos límites.

Una vez que Galileo descubrió los satélites de Júpiter, sus órbitas se definieron, pero, a decir verdad, no hubo ganancias significativas en la caracterización de lo que eran estos objetos debido a que la resolución de las observaciones telescópicas era insuficiente. Los sobrevuelos de la sonda Voyager 1 en marzo de 1979 y, cuatro meses después, de la Voyager 2, cambiaron totalmente la situación.

Las imágenes que obtuvieron eran espectaculares (véase la Figura 10, p. 137). Revelaron cuatro objetos que, aunque tienen prácticamente el mismo tamaño, son totalmente diferentes, y lo más probable es que se formaran al mismo tiempo, en el mismo lugar y del mismo material que el propio Sistema Solar, hace poco más de 4 500 millones de años.

Ío, el satélite más cercano a Júpiter, ha demostrado ser el más activo de los cuatro, e incluso el más activo de todos los objetos del Sistema Solar: su vulcanismo expulsa lava y lanza penachos a varios cientos de kilómetros de altitud, a tal velocidad que, según evaluaciones basadas en erupciones observadas, cada área de la superficie se cubre nuevamente sólo cada unos pocos miles de años. Estos depósitos, principalmente de azufre, cuyo color cambia con la temperatura, hacen de Ío un objeto policromado perfectamente único.

Nadie lo había previsto. O, para ser más exactos, sí: sólo un científico, el astrofísico Stanton Peale, lo había predicho, mediante un cálculo del efecto de marea que se puede resumir a grandes trazos de la siguiente manera. Por la gravedad de Júpiter, que está muy cerca de este satélite y cuya masa es 20 000 veces mayor, Ío sufre efectos gigantescos, con dos abultamientos simétricos alineados con el centro de Júpiter. Al igual que con la Luna de la Tierra, este efecto sincronizó el periodo de rotación del satélite sobre sí mismo y su revolución alrededor de Júpiter, hacia cuyo centro tiende a apuntar siempre la misma cara. Sin embargo, como la órbita de Ío no es estrictamente circular, sino ligeramente elíptica, su velocidad de revolución no es constante: esto hace que el eje de los abultamientos tienda a oscilar ligeramente para mantenerlos en la dirección del centro de Júpiter. La fricción inducida en las capas profundas de Ío resulta en una liberación considerable de energía, que causa el vulcanismo predicho, totalmente diferente al de la Tierra. Peale tuvo muchas dificultades para publicar su artículo[8]

---

[8] S. J. Peale, P. Cassen y R. T. Reynolds, «Melting of Io by Tidal dissipation», *Science,* 1979, 203 (4383), pp. 892-894, disponible en línea.

antes de la llegada de las sondas Voyager, ya que lo que predecía se topó con una incredulidad generalizada. Su artículo concluía de la siguiente manera: *Voyager images of Io may reveal evidence for a planetary structure and history dramatically different from any previously observed*[9].

¡Las imágenes de la Voyager le dieron la razón de un modo espectacular!

En contraste, Calisto, el más alejado de los cuatro satélites, está cubierto por una superficie mineral totalmente inactiva, llena de cráteres hasta la saturación (como lo está la mayor parte de la Luna, así como el hemisferio sur de Marte y muchos asteroides). Sin embargo, Europa, ubicada justo más allá de la órbita de Ío, tiene muy pocos cráteres pero está completamente cubierta de brillante hielo fracturado por grietas. Ganimedes, situada entre Europa y Calisto, tiene una superficie que mezcla áreas oscuras con cráteres y áreas claras y heladas, con múltiples estructuras tectónicas, distintas sin embargo de las producidas por la tectónica de placas de la Tierra.

Estos cuatro objetos son una representación ejemplar de la *diversidad de evoluciones* que dan forma a los objetos planetarios a partir de condiciones iniciales que parecen compartir profundas similitudes.

En las décadas que siguieron, esta misma diversidad caracterizaría todo el conjunto de evoluciones dentro del Sistema Solar y más allá.

Tras completar estos sobrevuelos de Júpiter y su sistema, las sondas continuaron su viaje hacia su objetivo principal, Saturno y su entorno. La Voyager 1 llegó en noviembre de 1980, y la Voyager 2, en agosto de 1981. Las imágenes de Saturno tomadas por la cámara eran tan espectaculares e instructivas como las de Júpiter, al igual que las imágenes obtenidas de muchos otros satélites, pequeños objetos, mezcla de rocas y

---

[9] «Las imágenes de Ío obtenidas por las Voyager podrían revelar indicios de una estructura planetaria y una historia completamente diferentes a todo lo que se ha observado con anterioridad».

hielo, cuyas superficies fueron fotografiadas por primera vez. Las fotografías de los anillos también revelaron nuevas estructuras, totalmente imprevistas, que parecían estables y que, en lugar de circulares o elípticas, tenían forma de guirnalda: se descubrió que pequeños satélites, más tarde llamados «pastores», identificados por primera vez en estas imágenes, eran responsables de estas nuevas estructuras por su influencia gravitatoria. El trabajo realizado a partir de estas observaciones de los anillos de Saturno ha ofrecido nuevas pistas relacionadas con la dinámica del propio Sistema Solar, en particular teniendo en cuenta la *migración planetaria,* que se analiza más adelante, y cuyo papel ha demostrado ser importante.

Sin embargo, las imágenes que esperábamos con una impaciencia tan intensa como intenso era el desafío lanzado, eran las de Titán: el único objeto, fuera de la Tierra, quizá cubierto de extensiones de agua líquida...

La decepción fue proporcional a las hazañas de esta misión: ¡no podíamos ver la superficie de Titán! Al principio se creía que las cámaras habían fallado, pero la calidad de las imágenes de Saturno imponía otra lectura: la atmósfera de Titán se había vuelto opaca debido a una espesa niebla, inmersa en un gas que no estaba compuesto principalmente de metano, como se esperaba, sino de nitrógeno molecular N_2, ¡cargado de aerosoles en suspensión!

La falta de detección de N_2 en las observaciones de Titán hechas con telescopio se explica por el hecho de que, al no absorber la radiación visible o infrarroja, no aparece en el espectro de la luz solar esparcida. Por lo tanto, no se imaginó que pudiera ser, en gran medida, el principal componente. Sin embargo, supone más del 95%, con sólo una pequeña abundancia de metano. Una consecuencia importante es que, al no absorber la radiación infrarroja térmica, el nitrógeno molecular ejerce el mismo efecto invernadero en Titán... ¡que en la Tierra! Con menos del 5% de metano, el calentamiento de la superficie de Titán es insignificante. ¡Hay una temperatura cercana a -200 °C! Cualquier esperanza de descubrir agua líquida se desvaneció.

Por otro lado, en la atmósfera de Titán se descubrieron muchos compuestos ricos en carbono, lo que justificó una mayor exploración de Saturno y Titán: de ahí surgió la misión Cassini de la NASA, lanzada el 15 de octubre de 1997 y que llegó en 2004. La misión continuó hasta 2017. El orbitador principal llevaba un módulo de aterrizaje llamado Huygens, desarrollado por la Agencia Espacial Europea, cuyo objetivo era aterrizar en Titán. Tras dos horas de descenso, que le permitieron analizar la atmósfera, el 14 de enero de 2015, Huygens se posó con éxito sobre la superficie de Titán y pudo observarla durante varias horas.

Tal y como confirmó la misión Cassini/Huygens, la atmósfera de Titán probablemente esté en equilibrio con lagos muy fríos compuestos de nitrógeno líquido, metano o etano líquido. El descubrimiento de moléculas orgánicas complejas[10] en un entorno desprovisto de agua líquida abrió nuevas vías de investigación para la química del carbono cósmico. Sin embargo, la perspectiva, la «esperanza» de explorar un objeto cubierto de agua líquida, se desvaneció por completo.

La Tierra es, hoy en día, el único objeto en el Sistema Solar que alberga las condiciones que permiten que los cuerpos de agua líquida sean estables en la superficie. Su cubierta oceánica está lejos de ser una propiedad genérica y común.

Tan singulares

Las respuestas que las misiones Viking y Voyager aportaron a las preguntas formuladas inicialmente, relacionadas con la vida en el Sistema Solar, han tenido como consecuencia el surgimiento de otras completamente nuevas: ¿son necesarias condiciones muy concretas para que extensiones de agua líquida y perenne cubran la superficie? Y si es así, ¿qué sabemos acerca

---

[10] En este contexto hablamos de compuesto «orgánico» refiriéndonos a todo aquel hecho principalmente de átomos de carbono, al que se unen otros elementos, como hidrógeno, oxígeno o nitrógeno.

de lo que permitió que se cumplieran en la Tierra, y no en otros lugares? ¿Acaso la situación actual ha persistido a lo largo de toda la historia de la Tierra? ¿De dónde viene el agua terrestre? ¿Cómo y cuándo se formaron los océanos? ¿Hay otros objetos del Sistema Solar que, en el pasado, hayan estado cubiertos por océanos o, al menos, por lagos? Si es así, ¿durante cuánto tiempo? Y, sobre todo: ¿fue la presencia de agua un factor crítico en la «aparición» y evolución de la vida en la Tierra? Si hubiera agua en otros lugares, ¿sería esto suficiente para que las formas de vida se desarrollaran allí? En otras palabras, ¿la mera presencia de agua líquida implica la *habitabilidad* de un planeta?

Con todo, el descubrimiento por parte de las misiones Viking de que Marte es hoy (a excepción de sus casquetes polares) un vasto desierto totalmente seco y terriblemente árido, y la revelación por parte de las misiones Voyager de que, en ninguna parte del Sistema Solar, aparte de en la Tierra, hay objetos cubiertos de agua líquida estable, han puesto de relieve una propiedad única de la Tierra.

De todos modos, los cuerpos de agua líquida podrían estar presentes, no en la superficie, sino en las profundidades de objetos cubiertos con grandes espesores de hielo: al aumentar la presión con el peso del material que lo cubre, esta puede alcanzar, bajo unos pocos kilómetros de hielo, valores que permitan que el estado líquido coexista. Este podría ser el caso de Europa o de Ganimedes, satélites helados de Júpiter, así como de Encélado, una de las lunas de Saturno. Algunos miembros de la comunidad científica proponen que, incluso a gran profundidad y sin intercambio directo con la superficie, pero en presencia de vulcanismo subyacente, podría desarrollarse química orgánica compleja, o incluso bioquímica, que futuras misiones espaciales podrían tratar de desvelar.

La exploración espacial de todos los planetas (y gradualmente la de otros objetos más pequeños, como asteroides y cometas) ha extendido la singularidad terrestre de albergar las condiciones necesarias para la presencia estable de agua líquida en su superficie a un conjunto muy amplio de propiedades:

ya no se trata sólo del agua, ahora se suman la estructura y la composición de las superficies de estos objetos, la actividad interna, la tectónica y el vulcanismo, las evoluciones dinámicas, las propiedades atmosféricas, las observaciones *in situ* con robots... Todo esto ha puesto de relieve una diversidad extrema, cuya interpretación ha requerido una revisión importante de los procesos involucrados.

En pocos años, certezas profundamente arraigadas sobre la comprensión de los procesos de formación y evolución de los mundos planetarios, y de la Tierra en particular, han sido seriamente puestas en entredicho. Efectivamente, todos son planetas si utilizamos como propiedad calificativa el hecho de que gravitan dentro del mismo conjunto. Y su estrella «central», el Sol, domina a efectos gravitatorios dado que es mucho más masiva, hasta el punto de que seguimos diciendo, como primera aproximación, que los planetas «giran alrededor del Sol».

Sin embargo, esto no es suficiente para explicar la extrema diversidad de las condiciones que descubrimos a día de hoy en los planetas. La imagen de la Tierra, una bola redonda, banal, flotando en el espacio, tal como apareció ante los astronautas de la misión Apolo 8 en diciembre de 1968, se ve hoy de manera muy distinta. Son sus diferencias, con lo que ahora sabemos sobre otros planetas, lo que llama la atención: su cubierta oceánica, su cubierta de nubes, su cubierta atmosférica... (véase la Figura 11, p. 139). Todas son únicas, al menos en la escala del Sistema Solar contemporáneo. No es que la Tierra sea diferente a otros planetas que serían similares entre sí: todos ellos son singulares.

La atención ya no debería centrarse en lo que parece unificar a los planetas, sino, muy al contrario, en la extraordinaria diversidad de lo que los distingue.

Resulta tentador establecer una analogía con la humanidad y sus miles de millones de individuos. A qué deberíamos dar preferencia, ¿a aquello que los une (el hecho de ser humanos) o a aquello que los distingue (el hecho de ser únicos por ser todos diferentes)?

Fuera del mundo de la biología, aceptar la diversidad como caracterizadora de la evolución puede parecer reduccionista o chocante, especialmente porque conlleva muchas complicaciones: para poder dar cuenta de tal variedad de posibles caminos evolutivos, ¡habría que reelaborar los propios motores de la evolución! Con esta cuestión como meta final: si la pluralidad de los mundos da paso a su diversidad como nuevo paradigma, ¿a qué escala, en el espacio y el tiempo, son únicas la Tierra, así como la vida que alberga?

Capítulo 4
Códigos, determinismos
y contingencias

La cuestión de si la Tierra es única o no está directamente relacionada con los factores responsables de su evolución. La probabilidad de encontrarlos en otro lugar, con parámetros o propiedades similares, depende de la respuesta a la pregunta que a veces se describe como eterna: ¿estamos solos en el universo?

Las leyes de la física, que se establecieron para dar cuenta de todas las observaciones realizadas de manera progresiva (desde la escala microscópica hasta la del universo en su conjunto), responden al mismo principio: dan sentido a la causalidad, permiten la previsibilidad y abren una visión determinista. En contraste, la extraordinaria diversidad que revela la exploración requiere refuerzos completamente diferentes, a menudo agrupados bajo la etiqueta del azar. ¿Es esta una oposición férrea, que exige elegir entre dos enfoques (con el coste potencial que supondría poner en cuestión la capacidad de la física para interpretar la realidad)? ¿Cómo encaja el advenimiento del azar en la física? ¿Se opone al determinismo de las leyes que la caracterizan? ¿Cómo permite el determinismo, inscrito en las leyes físicas, la diversidad observada? ¿Podemos pensar en una evolución que, sujeta a las leyes físicas, aparezca al azar, sin propósito?

Estas preguntas adquieren un tono particular cuando se trata de lo vivo, cuyas propiedades (nociones mal definidas) parecen responder a otros principios, no relacionados exclusivamente con las leyes físicas. Este cuestionamiento refleja la oposición entre las leyes de la evolución social y el papel transferido a las contingencias y expresado por este adagio: «los seres humanos hacen la historia».

Durante mucho tiempo, de los planetas sólo conocíamos su movimiento. Incluso para la Tierra, tras la validación del heliocentrismo, todo parecía depender exclusivamente del Sol. La evolución planetaria parecía estar supeditada sólo al tamaño de los objetos y de sus movimientos. En realidad, la caracterización por observación telescópica de algunas de sus propiedades no hacía necesario tener en cuenta otros motores que no fueran aquellos de los que el Sol era responsable por su fuerza de gravedad y su radiación.

No fue hasta hace relativamente poco cuando se llegó a la conclusión de que la diversidad de mundos planetarios hace necesario, como aspecto fundamental, tener en cuenta los efectos potenciales de las cuatro «fuerzas» que operan en el universo.

Por supuesto, la fuerza de la gravedad se manifiesta de muchas maneras. Gestiona la formación, la forma y la dinámica de los objetos planetarios, y también induce muchas de sus propiedades, por ejemplo, en forma de *efectos de marea,* sin los cuales no podría entenderse el vulcanismo de Ío, mencionado anteriormente. También está relacionado con la gravedad el efecto de la Luna sobre la oblicuidad de la Tierra, que afecta a la estabilización del clima terrestre, del que hablaremos más adelante (Capítulo 6).

La fuerza electromagnética, en sus diversas formas, (desde la radiación hasta las síntesis moleculares y los «cambios de estado», sólido, cristalino, magmático o vítreo, líquido o gaseoso), también juega un papel importante: empezando por la condensación de minerales y la formación de rocas dentro de los planetas, hasta los efectos de invernadero atmosféricos. ¡Está en el corazón de la química en su conjunto y, por lo tanto, en el corazón de la evolución de la vida!

En cambio, las dos fuerzas relacionadas con la estructura nuclear de la materia, llamadas «fuerte» y «débil», rara vez se tienen en cuenta. La primera es responsable de la formación de los propios núcleos atómicos en los interiores estelares, con abundancias relativas que han marcado de forma importante la evolución de los objetos planetarios. La segunda, en particular a través de la *radiactividad,* está presente en todas las etapas de la formación y evolución planetaria.

Estas fuerzas operan de acuerdo con constantes temporales, distancias e intensidades muy diferentes, involucrando parámetros específicos de cada objeto, incluida la masa. Su importancia relativa en la evolución varía, por tanto, con el tiempo, y difiere significativamente de un objeto a otro. Algunas fuerzas involucran factores externos: para la gravedad, la presencia de objetos discretos, estrellas y planetas, o extensos, como los discos de materia resultantes de la rotación de nubes de gas y polvo, dentro de las cuales se han formado estrellas y planetas.

Para un objeto como la Tierra, la radiactividad y la energía acumulada por las colisiones (incluso durante su acreción) son los factores dominantes que lo convierten en un planeta activo: estos aportes de energía internos alimentan los incesantes movimientos de su núcleo y manto, transmitidos a través de una «tectónica de placas» que es el origen de los efectos superficiales traducidos en formaciones montañosas, vulcanismo, terremotos y tsunamis.

Esta radiactividad se describe con frecuencia como «natural», al igual que la «selección» darviniana, en el sentido de que no implica actividad humana en su funcionamiento, un reflejo de cómo la naturaleza excluye al ser humano. Como todo lo «artificial», un aroma es artificial si ha sido hecho por el ser humano...

Tres elementos, uranio, torio y potasio, aunque muy escasos, son los principales culpables porque, por sí solos, actúan a lo largo de la historia de los planetas: su «desintegración radiactiva», es decir, su transformación en otros elementos (plomo y argón respectivamente, en este caso específico), tiene lugar en periodos de varios miles de millones de años. Por lo tanto, esta desintegración es la principal proveedora de energía en periodos temporales muy largos, como los abarcados por la propia historia de la Tierra. La «energía geotérmica» es una de sus consecuencias.

Estas manifestaciones en el interior y en la superficie de la Tierra también producen efectos colaterales críticos para su atmósfera y, por lo tanto, para la biosfera. El ejemplo del dióxido de carbono es particularmente ilustrativo.

Probablemente, la Tierra primordial tenía, como Venus y Marte hasta hoy, una atmósfera dominada en gran medida por dióxido de carbono, cuya fórmula es CO_2. La presencia permanente de los océanos permitió que casi todo el CO_2 inicial se disolviera en ellos y luego se ionizara antes de precipitarse en forma de carbonatos. Esta transformación se completó más tarde con la producción de conchas y esqueletos por parte de algunos organismos que viven en el agua. Estos carbonatos se encuentran ahora en forma de piedra caliza y mármol en la superficie de los lugares donde el agua ha retrocedido. La presencia de fósiles es testimonio de ello.

Si todos los carbonatos de la Tierra se transformaran de nuevo en CO_2 y fueran liberados a la atmósfera, la presión atmosférica daría un salto gigantesco hasta varias docenas de bares, en su mayoría debido a este gas. Esta valoración se puede extraer a partir del contenido actual de nitrógeno molecular N_2, y por comparación con las atmósferas de Marte y Venus. Dado que, a diferencia del CO_2, el nitrógeno molecular N_2 no puede disolverse fácilmente en agua ni transformarse en sal, permaneció en la atmósfera de la Tierra, con lo que se convirtió en su principal constituyente una vez que el CO_2 quedó atrapado en el agua de los océanos. Por otro lado, en Venus, como en Marte, es el CO_2 el que domina en gran medida, dado que no se ha disuelto selectivamente en agua: representa el 96% de las moléculas, siendo el nitrógeno molecular N_2 el segundo componente en abundancia, casi 50 veces menor que la de CO_2. Cabe destacar que las abundancias relativas de los principales constituyentes de las atmósferas de Venus y Marte son muy parecidas, mientras que sus abundancias absolutas, es decir, las presiones atmosféricas, son muy diferentes: casi 100 bares para Venus y menos de una centésima parte de un bar para Marte. Esta baja presión se debe, en gran parte, al hecho de que Marte, en una etapa muy temprana de su historia, experimentó un escape atmosférico masivo que afectó de manera similar a todos sus constituyentes.

Dada la abundancia actual de nitrógeno en la atmósfera de la Tierra, el depósito atmosférico primordial, compuesto principalmente de CO_2 antes de que comenzara su captura oceánica, probablemente se mediría en decenas de bares, cerca del valor actual en Venus. Por lo tanto, su transformación en los océanos de la Tierra fue extremadamente eficiente: ¡cerca del 99.999 %! El contenido actual de CO_2 es muy inferior a una media milésima parte de los constituyentes atmosféricos, ¡más de 100 000 veces menor que su valor inicial! Esta concentración proviene principalmente del reciclaje (originado por la tectónica de placas y el vulcanismo, cuyo motor proviene de la radiactividad natural) de una pequeña fracción del CO_2 almacenado en forma de carbonatos en los continentes y liberado después para convertirse nuevamente en gas atmosférico.

Por pequeña que sea la cantidad en contenido absoluto, esta concentración actual de CO_2 es suficiente para contribuir, en más de una cuarta parte, al aumento de más de 33 °C, por efecto invernadero, de la temperatura media en la superficie de la Tierra: ¡es a él a quien debemos un clima suave con una temperatura media cercana a 15 °C que permite, en particular, que el agua de los océanos no se congele! Especialmente porque, sin el efecto invernadero, la Tierra estaría esencialmente cubierta de hielo, muy reflectante, lo que reduciría la fracción de energía solar absorbida por la superficie y, por lo tanto, disminuiría la temperatura promedio, ¡que podría caer por debajo de los -50 °C!

En las condiciones terrestres, este CO_2 desempeña un papel de regulador atmosférico. Durante las glaciaciones fuertes, la desaceleración de la disolución de CO_2 aumenta su concentración en la atmósfera, a lo que se suman el vulcanismo y otros efectos de la tectónica de placas de la Tierra, que son insensibles a la capa de hielo superficial y, por lo tanto, no disminuyen: el efecto invernadero aumenta y calienta la superficie hasta que los glaciares se derriten. Se reanuda la captura por transformación en carbonatos y el ciclo comienza de nuevo...

El efecto invernadero masivo, producido por esta concentración «natural» de CO_2, aunque muy baja, da una idea del peligro de las emisiones antropogénicas de CO_2. La producción de energía para el conjunto de la actividad humana se logra, esencialmente, por combustión de carbón, petróleo o gas, lo que tiene el efecto colateral de transformar el carbono presente en esas sustancias y hace que adopte principalmente la forma de CO_2. De este modo, la cantidad liberada a la atmósfera es del mismo orden de magnitud que la de origen natural, pero eso no es todo: al ritmo actual de demanda de energía, si no se cambia nada en cuanto a su modo de producción, alrededor del año 2050 la concentración de CO_2 se duplicará en comparación con su valor «natural». Y podría triplicarse hacia finales de siglo[1]. Los efectos evaluados de tamaña alteración climática exigen una respuesta a escala mundial. La necesidad imperiosa, no de reducir, sino de aumentar la producción mundial de energía para satisfacer las necesidades básicas de las poblaciones que, en su mayoría, se encuentran en una situación de subdesarrollo crítico, requiere una rápida «descarbonización» de la producción de energía vinculada a la actividad humana. Esto implica una reducción drástica de los sistemas basados en la combustión de cualquier producto basado en el carbono.

En resumen, cantidades muy pequeñas de ingredientes críticos, como los gases de efecto invernadero, pueden desempeñar un papel esencial. Su repentina variación actual, en escalas de tiempo cortas (que en el caso del cambio climático se estima en décadas y ya no en siglos o incluso milenios), puede generar desequilibrios irreversibles al no permitir la implementación efectiva de procesos de regulación.

---

[1] La concentración de CO_2 en la atmósfera, medida en «partes por millón» o ppm, era de aproximadamente 280 ppm al comienzo de la llamada era industrial. Era de 300 ppm en 1950, superó las 400 ppm en 2015, y su crecimiento continúa acelerándose.

La biosfera terrestre se ha constituido y mantenido, durante miles de millones de años, por el aporte energético de la radiación solar, la radiactividad del manto y la corteza terrestre, que han controlado la tasa de gases de efecto invernadero, el cual ha desempeñado (y lo sigue haciendo) un papel decisivo en la evolución de muchas propiedades de la Tierra.

El contenido radiactivo de un planeta es, por lo tanto, un parámetro crítico para su evolución, tanto en lo concerniente a sus propiedades internas y de su superficie como en lo relacionado con su atmósfera.

Este contenido involucra dos factores principales: la composición de los elementos radiactivos del material de la nube protosolar en la que se originan los planetas, y la masa del planeta, que determina la abundancia general de estos elementos dentro del mismo.

En nuestra Galaxia, el contenido radiactivo de las nubes protoestelares ha aumentado con el tiempo. La mayor parte de los elementos se sintetizan durante la evolución de las estrellas masivas, las cuales, al final de sus vidas, explotan y expulsan estos elementos al medio interestelar, donde nacerán otras estrellas. El contenido radiactivo se fija en el momento en el que, durante la evolución galáctica, la nube protoestelar se aísla para colapsarse en un sistema planetario o «exoplanetario»[2].

El Sistema Solar se formó hace menos de 5 000 millones de años, cuando el universo ya tenía más de 9 000 millones de años: su material original se había enriquecido con las contribuciones de 9 000 millones de años de evoluciones estelares anteriores. Las estrellas y planetas que se forman en la actualidad tienen a su disposición abundantes cantidades de elementos radiactivos generados en los últimos 5 000 millones de años.

En lo que respecta al factor relacionado con la masa, su origen se puede explicar de forma simplificada. Supongamos que, debido a que se forman en el mismo disco inicial, los ob-

---

[2] Llamamos «sistema exoplanetario» al formado por una estrella distinta del Sol y su conjunto de planetas que, por lo tanto, son «exoplanetas».

jetos planetarios han acumulado el mismo material (al menos desde el punto de vista de su abundancia de elementos radiactivos) y que estos se han distribuido en su interior de manera uniforme, es decir, en igual concentración. El aporte energético, que es proporcional al número de átomos radiactivos, lo es por tanto a la masa de los objetos y, en consecuencia, y de forma sustancial, a su volumen. Este calentamiento se contrarresta con un enfriamiento que tiene lugar por la radiación desde la superficie hacia el espacio. El equilibrio térmico y, a su vez, el nivel de actividad planetaria (que es una consecuencia directa), dependen así de la relación entre el volumen, que define las entradas de energía, y la superficie, que fija las pérdidas por radiación. Como el volumen es proporcional al cubo del radio (R^3) cuando la superficie sólo es proporcional a su cuadrado (R^2), la relación volumen/superficie varía con el radio R: cuando aumenta el radio, el aporte aumenta más rápido que las pérdidas. Cuanto mayor sea el radio, mayor será la temperatura alcanzada; cuanto más pequeño es el objeto, más efectivas son las pérdidas por radiación que limitan el calentamiento. Los objetos grandes alcanzan altas temperaturas, mayores cuanto más grandes sean sus dimensiones, lo que transforma las rocas en magma viscoso, mientras que los objetos «pequeños» permanecen fríos.

Sin embargo, las temperaturas alcanzadas no son constantes. El aporte de energía proviene de la transformación radiactiva de los elementos, cuya abundancia disminuye precisamente por este proceso y, por tanto, decrece con el tiempo. En paralelo, la actividad interna también disminuye. Cuando alcanza un nivel demasiado bajo como para mantener los efectos en la superficie, se dice que el astro está «muerto».

Por tanto, esta disminución comienza desde un nivel que será más alto cuanto mayor sea la masa del objeto: la «muerte planetaria» llegará más adelante. Así es como Marte parece haber alcanzado esta etapa hace sólo unas pocas decenas de millones de años. La Tierra, casi diez veces más masiva, sigue activa, con vulcanismo, movimientos de placas continentales, terremotos y una biosfera en funcionamiento. La Tierra, cuyo grado de actividad disminuye con el tiempo, también se convertirá en una «astro muerto»... ¡En unos pocos miles de millones o incluso unos pocos cientos de millones de años! Y, para la Tierra, el calificativo es adecuado, ¡porque el cese de la actividad interna también firmará la muerte de los seres vivos!

Por debajo de un tamaño medido en decenas de kilómetros, los objetos logran limitar su calentamiento a través de la radiación, incluso cuando el calentamiento se debe a desintegraciones radiactivas más potentes (porque son más rápidas): ya no son el uranio, el torio y el potasio los que juegan el papel principal, sino núcleos radiactivos como puede ser un isótopo de aluminio con 13 neutrones, ^{26}Al, que se transforma (en este caso, en ^{26}Mg) en periodos contados en millones y no en miles de millones de años.

Los cuerpos «pequeños», cometas y asteroides en particular, han sido capaces de evitar cambios térmicos significativos y preservar la mayoría de las propiedades adquiridas durante su formación. Por eso constituyen «objetos primitivos», testigos de interés esencial para acceder a las condiciones iniciales de la evolución del Sistema Solar. Esta característica explica y justifica la importancia de las misiones de exploración de asteroides y cometas.

Como resultado, un planeta de diferentes dimensiones, o formado en otro momento de la evolución de la Galaxia, habría evolucionado de manera diferente bajo el efecto de diferentes motores. Hablamos de parámetros cuyas variaciones contingentes son responsables de la inmensa diversidad de formas planetarias observadas.

Caos, azar y energías

Si las *leyes* físicas se llaman así es porque producen efectos a través de un determinismo que constituye su esencia: fundamentan la causalidad evolutiva. Sin embargo, muchos comportamientos parecen transgredir estas leyes, hasta el punto de cuestionar su relevancia cuando se trata de explicar la evolución. ¿Queda en entredicho el carácter determinista de las leyes físicas cuando se destaca el papel de la contingencia, es decir, la importancia de parámetros contextuales que no sólo modifican, sino que a veces dirigen un camino evolutivo?

Las leyes dinámicas son ejemplares en su alcance determinista: tan pronto como se conocen las fuerzas que contribuyen al movimiento y las «condiciones iniciales» del lanzamiento, la trayectoria de un objeto lanzado es calculable y predecible. Estas leyes dinámicas permiten, por ejemplo, determinar cómo elegir estas condiciones para dirigir un cohete hacia su objetivo. Sin embargo, las desviaciones son inevitables, derivadas tanto de los valores precisos de los parámetros iniciales (que no pueden ser estrictamente iguales a las predicciones), como de la importancia relativa de las fuerzas o eventos secundarios. Una vez enviadas al espacio, siempre debemos ajustar las trayectorias de las naves mediante correcciones que, por supuesto, queremos que sean cuantas menos, mejor.

La pelota servida por un tenista o el balón disparado por un futbolista tienen su trayectoria impuesta por las condiciones iniciales, determinadas por los jugadores. Se necesita un viento considerablemente fuerte para suplantar el efecto impuesto por la energía aplicada: en general, la pelota y el balón llegan adonde el tiro los lanzó.

Por otro lado, con o sin viento, la pelota a veces no llega al lugar deseado y los jugadores, por muy buenos que sean, nunca podrán reproducir sus servicios o tiros exactamente igual. Porque, por insignificantes que sean, «pequeñas» desviaciones en las condiciones iniciales se manifestarán en forma de divergencia, más o menos amplificada, de los caminos de la evolución. De hecho, desde que Henri Poincaré introdujo las nociones de caos, a principios del siglo XX, sabemos cuántas variaciones o diferencias imperceptibles en las condiciones iniciales influyen en el comportamiento dinámico posterior de los objetos. Es lo que Edward Lorenz ilustró en 1972 con la famosa metáfora de la mariposa, al discutir la posibilidad de que un aleteo de las alas de una mariposa en Brasil pudiera causar un tornado en Texas...

Al tratarse de un sistema real, que nunca está completamente aislado de su entorno (independientemente de la escala considerada), las condiciones iniciales no pueden determinarse con absoluta precisión o replicarse de una forma estrictamente idéntica. De un sistema a otro, de una situación a otra, se producirán diferencias en la evolución: la única indeterminación radica en el tiempo (la duración) que tardan en manifestarse o, para una pelota lanzada por un jugador, en la distancia recorrida desde el tiro. En el caso de la evolución de un sistema cósmico, se considerará perenne si las duraciones tenidas en cuenta son mucho más largas que su edad. Para el Sistema Solar esta asciende a 4 500 millones de años. Cualquier cambio que ocurra tras decenas o cientos de miles de millones de años puede considerarse insignificante. En cambio, variaciones más rápidas, como la de la oblicuidad del eje de los polos, el de la rotación diurna, para un planeta solitario, tendrán un papel importante, como explicaremos más adelante (Capítulo 6).

La dinámica sigue siendo estrictamente determinista. Sin embargo, incluso si se tienen en cuenta todas las fuerzas que participan, las predicciones sólo son válidas en una escala de tiempo que depende del nivel de precisión de las condiciones iniciales. De hecho, las imprecisiones pueden provenir del elevado número de parámetros que interactúan, de la falta de conocimiento de la existencia de algunos de ellos, o de la intensidad demasiado baja de cada uno de los efectos tomados individualmente. El ejemplo de los pronósticos meteorológicos es quizá el más revelador, dado el rango temporal de sus capacidades predictivas. La ruleta, el lanzamiento de monedas a cara o cruz, o el billar a tres bandas, son ejemplos en los que todos sienten que el desconocimiento de todo el conjunto de factores involucrados ofrece al «azar» la oportunidad de ser invocado, sin que por ello se cuestione ninguna de las leyes físicas. Esto explica que podamos «aprender» a servir mejor en el tenis, a lanzar a portería o a jugar al billar...

El peso de la contingencia está relacionado tanto con la energía que interviene en las interacciones como con la energía de las condiciones que «lanzan» y luego marcan la evolución. El efecto de una contingencia sólo se manifestará si la energía con la que interviene en el proceso la pone en competencia con la que guía la evolución del sistema. ¡Cuanto más débil sea la patada que lanza el balón, con más fuerza perturbará la ráfaga de viento su trayectoria! El caso en el que el determinismo parece más evidente es el que involucra la interacción (la fuerza) energética más alta: la interacción nuclear «fuerte».

Los niveles de energía que mantienen unidas las partículas dentro de un núcleo son millones de veces más altos que los que unen, en un átomo, un electrón a un núcleo. En términos físicos, los primeros se miden en millones de electronvoltios, mientras que los segundos son del orden de un electronvoltio. Se necesitan millones de electronvoltios para desencadenar reacciones nucleares, capaces de sintetizar núcleos pesados a partir de otros más ligeros. Cuanto más masivos son los núcleos, desde el hidrógeno hasta el hierro, mayor es la energía requerida. Cuando una nube protoestelar se colapsa, una fracción de la energía potencial gravitatoria se transfiere a los núcleos. Los primeros en reaccionar son, por lo tanto, los más ligeros, los protones, que son núcleos de hidrógeno y se agregan para sintetizar en núcleos de helio. En las fases posteriores del colapso, si la masa inicial de gas es suficiente como para que la energía alcanzada lo permita, los núcleos de helio se convertirán a su vez en núcleos de carbono, nitrógeno y oxígeno. Y así sucesivamente, dependiendo de la masa de la estrella: cuanto más alta sea, mayores serán las masas de los núcleos atómicos formados, hasta llegar al más estable de ellos. En cada nivel de energía alcanzado por el colapso gravitatorio sólo es posible un número muy pequeño de reacciones nucleares. Esto explica por qué podemos predecir, en gran medida, el funcionamiento mismo de una estrella (gestionado por esta interacción «fuerte») en cuanto conocemos el contenido general de energía disponible, es decir, su masa[3]. Esto permite establecer modelos evolutivos relativamente simples, verificables de forma experimental, válidos no sólo para el Sol, sino para todas las estrellas y su diversidad de masas. Se ha establecido así una clasificación de las estrellas, con su masa como parámetro esencial, que permite seguir y predecir su evolución.

El pasado y el futuro del Sol pueden trazarse globalmente a escala de miles de millones de años: formado hace unos 4500 millones de años, todavía tiene suficiente combustible nuclear, es decir, hidrógeno, para «quemar», es decir, para transformar este hidrógeno en helio, durante aproximadamente otros tantos miles de millones de años más. Luego, sintetizará muy pocos elementos pesados, porque el Sol es una estrella de masa relativamente «baja». Su estado general ha cambiado poco y, esencialmente, permanecerá sin cambios a lo largo de esta larga fase de casi 10000 millones de años. Sólo su núcleo central de helio crecerá hasta duplicar su volumen.

Por otro lado, para objetos cuya evolución no requiere de una interacción fuerte, sino de interacciones que implican niveles de energía mucho más bajos (hasta fracciones de electronvoltios), variaciones o perturbaciones diminutas del contexto se vuelven preponderantes y abren una inmensa variedad de posibilidades. Es el caso de las reacciones químicas.

Esto es así porque el papel dominante en los niveles energéticos que impulsan la evolución del sistema le corresponde a las interacciones electromagnéticas. Este es, muy en particular, el caso del mundo de lo vivo.

Dos tipos de enlaces aseguran la estabilidad de la doble hélice del ADN (ácido desoxirribonucleico), que contiene la información genética de los seres vivos. Las dos hebras de la hélice

---

[3] La energía *(E)* y la masa *(m)* están acopladas, como se expresa en la famosa relación $E = mc^2$, donde *c* es la velocidad de propagación de la luz en el vacío.

están unidas, *vía* las bases nitrogenadas, por «enlaces de hidrógeno» energéticamente débiles y, por lo tanto, fáciles de romper: esto favorece la replicación del ADN, que requiere de esta separación. La información que este último tiende a reproducir está constituida, a lo largo de cada cadena, por una secuencia particular de «nucleótidos», conjuntos formados por un azúcar, un fosfato y una base nitrogenada específicos. Estos singulares nucleótidos están unidos entre sí por enlaces «covalentes», conformados por pares de electrones y que dan como resultado una energía de enlace bastante alta. Estos enlaces aseguran una estabilidad relativamente fuerte entre nucleótidos, cuya secuencia, así mantenida, constituye un código perenne: son la base de la herencia (véase la Figura 12, p. 139, en la parte superior).

Sin embargo, el nivel de energía de estos enlaces no asegura una copia completa estricta e íntegra: esta es una de las causas de la producción de errores que abren la puerta a «variantes» sujetas a la selección natural. Entra en juego la contingencia, una fuente de diversidad que nunca deja de impresionar.

La codificación es la contribución determinista y predictiva de la evolución. Los errores facilitan que la contingencia abra un inmenso campo de posibilidades. Liberan la evolución del dictado de los códigos.

El hecho de que domine la diversidad, desde la escala de las moléculas vivas hasta la de los mundos planetarios y exoplanetarios, es parte de la misma observación: los motores de energía, deterministas por naturaleza, se adaptan a la intervención de factores de imprevisibilidad, al caos vinculado a las imprecisiones de las condiciones iniciales, al papel de las contingencias a lo largo de la evolución. La biología ya no tiene la exclusividad: el «azar» parece entrar en juego en toda evolución.

Por tanto, para dar cuenta de esta extraordinaria diversidad es necesario que a los conocimientos construidos sobre la profundización de las «leyes» de la física se les añadan los introducidos a principios del siglo XX en forma de teorías del caos: estos últimos permiten que los factores de contingencia, aparentemente aleatorios, puedan intervenir. Ya no son sólo las leyes y los procesos, genéricos y deterministas, los únicos que gestionan la evolución, sino más bien las «formas» específicas que toman, en contextos singulares.

El determinismo de las leyes y los procesos, impulsado por una física que es predictiva por esencia, no contradice el papel de los factores contextuales y contingentes: están íntimamente acoplados en el moldeado de la evolución.

La relación entre necesidad (determinismo) y contingencia ha sido una fuente de debate tanto científico como filosófico.

En este sentido, la contradicción traída por Leibniz a Spinoza es un ejemplo. Para Spinoza, que propuso que cada existencia es una causa, una esencia necesaria, la esencia última era Dios; para Leibniz, por el contrario, una cosa podía existir sin que necesariamente hubiese sido determinada: su opuesto habría sido posible si los eventos se hubieran combinado de manera diferente. Invita a la contingencia a suplir el indeterminismo, y ofrece así al ser humano la libertad de sus acciones.

Y, de hecho, cada cual experimenta en su propia evolución el papel de la contingencia, a veces esencial: al «determinismo» impuesto por las condiciones geográficas, sociales, culturales, educativas y familiares del nacimiento e infancia, se añaden, a veces de manera no menos *determinante,* encuentros de esencia fortuita: docentes, amistades, profesionales con quienes nos cruzamos por casualidad, esa persona invitada a una cena, a veces un libro, un programa que se ha escuchado... En una partida donde lo innato y lo adquirido compiten y se combinan, la contingencia invita a modificar el curso del juego.

Para dar cuenta de las singularidades planetarias que vamos desvelando, y de las cuales la Tierra y los seres vivos son ejemplos de los «misterios» cuestionados durante tanto tiempo, la observación científica ofrece hoy una visión más fundamentada, y no exclusiva, de la influencia relativa de lo genérico como predictivo, y de lo contextual como contingente. Ilustraremos esto con dos ejemplos, la migración planetaria y los grandes impactos.

Capítulo 5
La migración planetaria:
forja de diversidad

Giordano Bruno, convencido de las tesis elaboradas por Copérnico, amplió estas ideas al proponer, como pura hipótesis, que el Sol es una estrella como las demás: todas las estrellas serían soles. Iba incluso más allá, porque la propuesta conllevaba otra consecuencia, propiamente copernicana: las estrellas, igual que el Sol, podían estar rodeadas de planetas. Y como su concepción consistía en que el universo era infinito, ¡el número de planetas sólo podía ser infinito! Esto suponía una ruptura directa con los escritos bíblicos de los que se suponía que debía ser portavoz como monje y como sacerdote dominico. Constatamos así que, sin que ninguna observación lo hubiera validado en ningún momento, la existencia de planetas alrededor de las estrellas fue, durante siglos, una propuesta ampliamente aceptada. Durante mucho tiempo, la detección de planetas alrededor de estrellas brillantes permaneció fuera del alcance de las técnicas de observación, lo cual no fue impedimento para que surgieran múltiples teorías para describir su formación (generalmente, junto con la de la estrella central). Hubo que esperar hasta finales del siglo XX para que esta tecnología fuera accesible.

De hecho, es extremadamente difícil lograr la detección directa de exoplanetas: brillan millones de veces menos que la estrella alrededor de la cual giran y, dada la distancia que nos separa de ellos, en las imágenes son prácticamente inseparables de las mismas. En su mayor parte, su detección, que sigue siendo extraordinariamente difícil, se realiza de manera indirecta, observando el efecto que producen sobre la radiación y sobre el movimiento de las estrellas a las que afectan.

¡Exoplanetas detectados!

El brillo de una estrella disminuye ligeramente cuando un planeta pasa entre la estrella y el observador, porque oscurece parcialmente su disco en una fracción correspondiente a la de su superficie proyectada. Esta técnica, denominada de «tránsitos», ha sido utilizada por dos misiones espaciales recientes, Corot (CNES[1], Francia) y Kepler (NASA, Estados Unidos).

Sin embargo, muchos de los descubrimientos de exoplanetas, especialmente el primero, no se han realizado observando la variación regular en el brillo aparente de las estrellas (por este método de tránsito) sino detectando el movimiento preciso de la estrella. En ausencia de planetas, una estrella ocupa la misma posición, noche tras noche, en el sistema de referencia de otras estrellas, arrastrada por el mismo movimiento aparente que no es más que el reflejo de la rotación diurna de la Tierra. Si tiene planetas orbitando, esta estrella sufre su influencia gravitatoria que modifica, muy ligeramente, su movimiento global, en forma de un «movimiento propio» adicional: oscila alrededor del baricentro del sistema que forma con los planetas que la rodean. Cuando se detecta, esta pequeña oscilación de la posición de la estrella (sincrónica con el movimiento de los planetas que lo causan) constituye una demostración indirecta de la existencia de exoplanetas.

Por lo tanto, el Sol tiene un movimiento propio por su rotación alrededor del centro de gravedad del conjunto que forma con los planetas. En el Sistema Solar, es sin duda Júpiter el que, por su masa dominante sobre la de los demás planetas, desplaza este centro de gravedad, desde el centro del Sol a una distancia de aproximadamente un radio solar. Un observador alejado que observara el movimiento del Sol contra el fondo del cielo estrellado, constataría (si sus medios técnicos de observación tuvieran la suficiente precisión) que el Sol gira alre-

---

[1] Siglas de Centre national d'études spatiales (Centro Nacional de Estudios Espaciales).

dedor de este punto, distinto de su centro, en unos diez años. Deduciría que el Sol está rodeado por, al menos, un planeta del que podría deducir la masa y el periodo de revolución: ¡los de Júpiter! Analizando el «efecto Doppler», que es sensible a la velocidad de este movimiento, vería cómo, de forma regular, y al ritmo de este periodo, el Sol se acerca y se aleja.

Esta propiedad, descrita por Christian Doppler en la década de 1840, establece que una señal de sonido o de luz emitida por una fuente en movimiento con respecto al observador, es recibida por este último a una frecuencia ligeramente diferente, siendo el desplazamiento directamente proporcional a su velocidad relativa a lo largo de la dirección de propagación de la señal. El sonido de un automóvil que pasa frente a un observador parecerá variar de mayor a menor tono dependiendo de si el automóvil se acerca o se aleja de él; una estrella que se acerque o se aleje de nosotros parecerá más o menos azul...

Esta propiedad es importante porque hace posible medir una velocidad en una sola observación, sin tener que medir el tiempo transcurrido entre dos eventos distantes durante un desplazamiento. Se utiliza en múltiples aplicaciones, desde los «radares» de carretera capaces de estimar la velocidad instantánea de los vehículos, hasta instrumentos que pueden evaluar la velocidad de los glóbulos rojos en la sangre y, por tanto, resaltar posibles estrechamientos arteriales. En astrofísica, este efecto mide la velocidad de movimiento de los objetos en el espacio. Fue este fenómeno el que llevó a Edwin Hubble, en 1924, a postular que las galaxias distantes se alejaban de nosotros, más rápido cuanto más distantes, una ley que refleja la expansión del universo (propuesta previamente por Alexandr Fridman en un artículo publicado en junio de 1922, y por el sacerdote y astrónomo belga Georges Lemaître).

Este método fue el que permitió la detección del primer exoplaneta. Dos astrónomos suizos, Michel Mayor y Didier Queloz, lo utilizaron para desvelar, en 1995, la existencia de un planeta cerca de una estrella en la constelación de Pegaso. Esta frase tan simple enmascara la extrema dificultad de aquel descubrimiento y la proeza tecnológica que representa y que ha logrado hacerse realidad.

Este descubrimiento se realizó en el Observatorio de Haute-Provence, ubicado no lejos de las localidades de Forcalquier y Manosque (ambas en la región Provenza-Alpes-Costa Azul francesa). La decisión de construir allí este observatorio, tomada en 1934, se debió a la calidad de su cielo, cuya idoneidad se explica por su escasa humedad.

A este primer descubrimiento le siguió una explosión de campañas de observación, tanto en tierra como en el espacio, durante las cuales, a mediados de la década de 2020, ya se habían detectado más de 5 500 exoplanetas: estas observaciones fueron un paso fundamental en astrofísica por la amplitud del campo en el que repercuten, al confirmar la hipótesis de la existencia de planetas alrededor de las estrellas. Pasar de la propuesta a la validación observacional supuso un paso de gigante. Un premio Nobel de física, otorgado en 2019 a Michel Mayor y Didier Queloz, vino a honrarlo.

La migración: un proceso general

El descubrimiento de este primer exoplaneta dio lugar a otra consecuencia de gran importancia. Ese planeta ha resultado ser muy masivo, de la familia calificada como planetas gigantes: su masa es 150 veces mayor que la de la Tierra, o 2 veces mayor que la de Saturno, y más de la mitad que la de Júpiter. Esto, en sí mismo, no es sorprendente, ya que refleja un obvio sesgo observacional: cuanto más masivos son los planetas, mayor es su efecto sobre el movimiento de la estrella y, por lo tanto, resultan detectables. Es comprensible, pues, que el primer exoplaneta detectado de esta manera fuera de gran masa. Lo que sí resultó muy sorprendente fue descubrir que su periodo de revolución alrededor de la estrella 51 Pegasi era de sólo 4.2 días, ¡lo que permitió su detección en sólo unas pocas noches de observación! Un periodo tan breve implica que está extremadamente cerca de su estrella: ¡8 veces más cerca que Mercurio del Sol! A tales distancias, la temperatura supera los 1 000 °C. Esto fue quizá lo más intrigante, ya que chocaba con el modelo de formación de planetas gigantes ampliamente aceptado hasta el momento.

De hecho, un planeta es «gigante» porque está rodeado de una atmósfera masiva. Esta atmósfera se formó en las primeras fases de la evolución del planeta, acumulando, por la gravedad, los constituyentes gaseosos de la nebulosa (protosolar para el Sistema Solar, protoestelar para los exoplanetas). Sin embargo, tan pronto como se forma la estrella central, la mayor parte del gas es expulsado de la nebulosa, principalmente por la radiación y el «viento» de partículas emitidas por la estrella en sus primeras fases: por lo tanto, es necesario que los planetas gigantes tengan tiempo de atraer grandes cantidades de gas antes de llegar a esta fase. Para ello, los núcleos protoplanetarios con masa suficiente (de 10 a 20 veces mayor que la masa de la Tierra actual) debían contar con tiempo para poder crecer y alcanzar así la gravedad necesaria para permitir esa acreción. La cantidad de granos minerales, cercanos al centro de la nebulosa, no bastaba. Esta es la razón por la cual los planetas interiores, llamados telúricos, son de baja masa y tienen atmósferas tenues, en comparación con las de los planetas gigantes. Porque lejos del centro, la temperatura es lo suficientemente baja como para que los componentes altamente volátiles, como el agua, el dióxido de carbono, el metano o el amoníaco, se encuentren en forma de hielo. Estos constituyen la mayor parte de los granos presentes a estas distancias. En colisiones inducidas por turbulencias en el disco, estos granos de hielo se comportan como granos minerales y se pueden acumular sin romperse. En el sistema externo, eran tan abundantes que su acreción podría conducir rápidamente a la formación de núcleos planetarios muy masivos que luego atraerían inmensas masas de gas preexistente en la nebulosa.

Este tipo de proceso ha sido validado por el hecho de que, en el Sistema Solar, los cuatro planetas gigantes, más masivos, están lejos del Sol, mientras que los cuatro planetas terrestres, de masa mucho menor, se encuentran cerca del Sol. La intriga generada por el descubrimiento de este exoplaneta gigante cerca de su estrella, seguido rápidamente por muchos otros descritos como «júpiter calientes», no se hizo esperar: al estar demasiado cerca de la estrella, la alta temperatura impide la estabilidad de los granos de hielo y, por lo tanto, la rápida acreción de núcleos planetarios lo suficientemente masivos como para atraer y mantener atmósferas gigantes.

Rápidamente se propuso una solución, derivada de lo que había sugerido quince años antes el estadounidense Peter Goldreich, seguido por André Brahic, en Francia: los planetas gigantes se formarían lejos de su estrella, en un espacio lo suficientemente frío como para permitir que el hielo fuera estable; pero no permanecerían allí. Mientras el disco protoestelar contuviera gas, el planeta gigante en formación interactuaría gravitatoriamente con él, y no sólo con la estrella central y el resto de objetos protoplanetarios. Luego se movería, *migraría*, en una trayectoria espiral hacia la estrella.

Este movimiento en espiral proviene del hecho de que, por interacción con el material del disco, el planeta se frena y pierde «momento angular», lo que hace que se acerque a la estrella mientras «gira» alrededor. Fueron Peter Goldreich y Scott Tremaine, investigadores de Caltech, en Pasadena (California, EEUU), quienes, animados por las observaciones de los anillos de Júpiter y Saturno realizadas por las sondas Voyager, propusieron esta idea en 1980: la dinámica de los planetas en un disco protoestelar, por transferencia de momento angular y de energía, debería dar lugar a una rápida evolución del semieje mayor de su órbita, así como de su excentricidad. Este trabajo, pionero y visionario, ha abierto el fértil campo de la migración planetaria.

Tal migración termina sólo cuando el gas del disco ha desaparecido por completo. Entonces, pueden darse todas las configuraciones, incluida esta: el planeta puede haber tenido tiempo de acercarse considerablemente a la estrella, cerca del borde interior del disco, antes de que haya sido aventado por la estrella. Esta distancia mínima a la que un planeta puede permanecer con respecto a su estrella durante miles de millones de años es cercana, en unas pocas centésimas, a la distancia promedio entre la Tierra y el Sol, o «unidad astronómica» (au); esta, que sirve como unidad de medida para distancias dentro del Sistema Solar, equivale a unos 150 millones de kilómetros.

Esto explica el descubrimiento de cientos de estos júpiter calientes en una amplia variedad de disposiciones orbitales. Reflejan este efecto esencial de la migración que genera una extrema diversidad de posibles configuraciones. Estructuralmente, moldearán la posterior formación y evolución de los sistemas planetarios y de cada uno de los objetos que los constituyen. ¡Y, especialmente, del Sistema Solar!

La diversidad entre los mundos planetarios, revelada dentro del Sistema Solar por la exploración espacial, ahora se traslada a una escala superior, a nivel de la estructura de los propios sistemas exoplanetarios. Este es quizá el mayor descubrimiento iniciado por Mayor y Queloz.

Y, de hecho, en comparación con las situaciones encontradas en estos sistemas recientemente descubiertos, el Sistema Solar revela un gran número de especificidades, lo que pone en tela de juicio los procesos de formación propuestos anteriormente, cuando el nuestro era el único observable y caracterizable. Considerado durante mucho tiempo como un modelo, con planetas «interiores» de tipo telúrico, cerca del Sol, y planetas gigantes «exteriores», ¡el Sistema Solar es original!

Una de sus propiedades particulares es la distribución de masa de los planetas interiores: dos objetos, Venus y la Tierra, de masas prácticamente iguales, están flanqueados, a ambos lados, por un planeta de masa mucho menor, Mercurio debajo de sus órbitas, y Marte, más allá; esto resultaba muy difícil de explicar con los modelos de acreción.

Para explicar la singular configuración del Sistema Solar y los procesos de formación de la Tierra que dieron lugar a las propiedades que hoy la caracterizan, se han propuesto varias teorías[2], y estas dan un papel muy importante a dos fenómenos: las migraciones planetarias y las inestabilidades gravitatorias que han marcado la dinámica del Sistema Solar primordial. Todos destacan la extraordinaria sensibilidad del sistema formado a las condiciones iniciales específicas de cada disco protoestelar del que procede.

El colapso de una nube protoestelar produce una variedad extrema de posibles configuraciones en cuanto a formas, heterogeneidades en composición y concentración, estructuras con mezcla de filamentos, grumos... Ofrece a la gravedad un vasto campo de juego: en él, la migración sería un proceso muy frecuente, genérico, pero capaz de acoplarse a una extrema diversidad de posibles formas, cada una contingente en la dinámica específica de este disco, lo que modela una evolución posterior muy particular de todo el sistema planetario en formación.

La migración planetaria es tanto la causa como el producto de un cambio importante en la estructura del disco en el que opera. En particular, desempeña un papel central en la formación y evolución de los planetas interiores que podrían generarse.

Si la migración tiene lugar mientras la acreción de los granos microscópicos iniciales ya ha dado lugar a la formación de estructuras más masivas (embriones de «planetesimales[3]» que a su vez se convertirán en protoplanetas), la migración planetaria tiene un efecto importante: expulsa gradualmente del disco, por interacción gravitatoria, aquellos cuyas órbitas se dice que están en resonancia, lo que da lugar a bandas pobres en granos que se expanden hasta formar espacios esencialmente

---

[2] Véase: S. Raymond, A. Izidoro, A. Morbidelli, «Solar system formation in the context of extrasolar planets», en V. S. Meadows, G. N. Arney, B. E. Schmidt y D. J. Des Marais (eds.), *Planetary Astrobiology*, The University of Arizona Press, 2018.

[3] El astrofísico soviético, Víktor Safrónov, introdujo la noción de «planetesimal» como el primer paso en la formación de planetas, un estadio en el que los granos microscópicos de la nube protosolar se acumulan en objetos macroscópicos, hasta dimensiones kilométricas. La última fase es la de protoplanetas de dimensiones cercanas a las de los planetas al final de la acreción.

vacíos de materia sólida. Un planeta que migre hasta las cercanías de su estrella podría dejar atrás tan sólo un disco vaciado de material (un material que podría haberse acumulado hasta formar un planeta, en caso de haber permanecido): en cierto modo, el planeta que migra lo barre todo a su paso. La formación de planetas interiores, del tipo telúrico, podría verse gravemente comprometida.

¿Debemos la existencia de la Tierra y de los otros tres planetas interiores (Mercurio, Venus y Marte) al hecho de que Júpiter y los demás planetas gigantes, que ahora se encuentran en el sistema exterior, se habrían formado y habrían permanecido allí, sin haber migrado? Y si es así, ¿cómo podemos explicar que la migración no se haya producido en el Sistema Solar, ya que parece que constituye un proceso general, susceptible de operar esencialmente durante la formación de cualquier sistema planetario?

Hace ya unos diez años, nuestros colegas de Niza, bajo la dirección de Alessandro Morbidelli[4], plantearon una posible respuesta, muy desafiante. Lejos de sugerir que la migración no habría afectado a nuestro sistema, exponían que, por el contrario, Júpiter y Saturno habrían migrado, pero de una manera particular, vinculada a la propia estructura específica de la nube protosolar: la evolución del Sistema Solar extrajo sus singularidades de su larga historia de colapso previo.

Para dibujar lo que podría ser la migración específica del Sistema Solar, el punto de partida del trabajo del equipo de Niza es la distribución de la masa de los cuatro planetas interiores, que, alejándose del Sol, aumenta desde Mercurio a la Tierra, cayendo luego con Marte, cuya masa es diez veces menor que la de la Tierra. Sin embargo, las simulaciones por computadora de la formación de planetas en un disco protosolar que ocupe todo el espacio, dan como resultado, a medida que uno se aleja de la estrella, planetas de masa creciente. Para

---

[4] K. Walsh, A. Morbidelli, S. Raymond *et al.,* «A low mass for Mars from Jupiter's early gas-driven migration», *Nature,* 2011, 475, pp. 206-209.

llegar a una distribución que haga del cuarto (Marte) un planeta con tal diferencia de masa, una posibilidad sería que el crecimiento de los cuatro planetas interiores comenzara en un disco de distribución muy poco homogéneo, fuertemente confinado en su centro: en este caso específico, debajo de la órbita del futuro tercer planeta, la Tierra. ¿Cómo podemos concebir que el disco, a partir del cual se formaron los cuatro planetas interiores, tuviera esta estructura tan particular? El equipo de Morbidelli sugirió lo siguiente: sería el resultado de una migración muy concreta de Júpiter y Saturno.

El escenario propuesto es el siguiente: en sus primeros cientos de miles de años, Júpiter, que creció rápidamente a gran distancia del Sol, habría comenzado a migrar en espiral hacia el interior. Al entrar en el Sistema Solar interior, habría «barrido» a su paso la mayor parte de material hasta una distancia heliocéntrica cercana al doble de la distancia actual entre la Tierra y el Sol. ¿Por qué Júpiter se detendría a esta distancia? Bajo las condiciones específicas del disco protosolar, a una mayor distancia (y, por tanto, más lentamente debido a que la densidad del disco era menor) se estaba formando un segundo planeta gigante: Saturno. Su migración, que requería de una masa suficiente, habría comenzado más tarde. Luego, se habría precipitado a través del disco previamente vaciado por Júpiter hasta estar a tal distancia que daba dos vueltas alrededor del Sol cuando Júpiter daba tres: la pareja Júpiter-Saturno entró en resonancia.

Este tipo de configuraciones de resonancia son comunes en muchas áreas de la vida cotidiana. Cuando buscamos un canal de radio o de televisión, «sintonizamos» la frecuencia del receptor con la de las ondas transmitidas. Tan pronto como se sintoniza, hay una propiedad que aumenta de golpe, en este caso la intensidad de la señal, de manera que «recibimos» la emisión. Las frecuencias del receptor y del transmisor entran en resonancia. La resonancia juega un importante papel en la dinámica cósmica: cuando dos objetos se encuentran de forma regular con la misma configuración, el movimiento del menos masivo puede modificarse de forma significativa. Esto explica la despoblación de ciertas órbitas, el origen de las bandas parcialmente vaciadas durante las migraciones planetarias. Si estas estructuras, resultantes de la resonancia, son frecuentes en el sentido de que se originan en cuanto la gravedad genera migraciones, su tamaño, forma, posición, y dinámica son específicos para cada situación.

¿Qué ocurrió con este sistema Júpiter-Saturno? A través de la resonancia, la pareja se «bloqueó» y empezó a actuar de forma conjunta, forzada por su masa relativa. Si Saturno hubiera tenido una masa menor, no podría haber impedido que Júpiter continuara su viaje hacia el Sol (que se estaba formando), con lo que habría vaciado el espacio a su paso: no habría habido masa suficiente para formar los planetas interiores tal y como los conocemos. Si, por el contrario, Saturno hubiera sido de mayor masa, ambos se habrían precipitado hacia el Sol, con la misma consecuencia: ¡no existiríamos! La relación de masa entre Saturno y Júpiter, impuesta por la estructura del disco tal y como era entonces, es lo que habría generado una migración del conjunto Saturno-Júpiter, en sí misma muy particular: ¡deshaciendo el camino hacia el sistema exterior!

Tras una migración hacia el interior, Júpiter y Saturno, juntos, se habrían «desviado de su curso», de ahí el nombre de «Great Tack[5]» dado por sus autores a este modelo. Juntos habrían continuado su migración hacia el exterior del Sistema Solar, dejando atrás un disco muy confinado dentro de, aproximadamente, una unidad astronómica. En este disco, con las modificaciones de estructura que hemos visto, es donde las colisiones entre granos y bloques de rocas habrían dado lugar, de forma gradual, a los protoplanetas de los que se derivan los cuatro planetas interiores con la distribución de masa «correcta»: la correspondiente a la situación actual.

Aún es necesario validar este modelo con observaciones que todavía no se han efectuado. Se han planteado otras pro-

---

[5] En inglés *tack,* y en este contexto, se puede traducir como «cambio de rumbo» o «viraje».

puestas para explicar la distribución de masa de los cuatro planetas interiores. Todas ellas, sin embargo, se funden en una realidad fundamental: un proceso genérico (en el sentido de que opera a gran escala), en este caso, la migración planetaria, presentada en este escenario concreto, sólo es protagonista en la evolución posterior de los sistemas por la forma que toma dentro de una inmensa variedad de posibilidades. Estas configuraciones particulares, directamente vinculadas al contexto en el que operan, son las que generan la extraordinaria diversidad de desarrollos posteriores.

Este escenario de migración planetaria, como proceso genérico, ilustra el importante papel de la contingencia en la configuración de la forma única que acabará teniendo cada sistema. Un disco de diferente estructura, composición, temperatura o dinámica habría generado un conjunto de planetas totalmente diferentes en número, masa, órbitas y composiciones.

El Sistema Solar es genérico sólo si lo vemos como un sistema, compuesto de una estrella y un conjunto de objetos de tipo planetario. Pero las propiedades de los objetos que contiene, y de la Tierra en particular, no lo son: han sido moldeadas por la evolución contingente de cada uno de ellos.

Capítulo 6
La Luna, el agua, la tectónica...
el rastro de los grandes impactos

La acreción de los planetas interiores, Mercurio, Venus, Tierra y Marte, desde un espacio limitado, confinado en el centro del disco, resuelve un problema importante: el de la distribución espacial de sus masas. Pero, por otro lado, plantea un problema: este espacio, debido a que está cerca del Sol, está demasiado caliente como para contener grandes cantidades de agua y otros compuestos volátiles que no se encuentren en forma de vapor. Habría muy poco hielo. Por tanto, la acreción de los granos que dan lugar a los protoplanetas debería haber generado objetos esencialmente anhidros. Entonces, ¿de dónde vendría el agua de la lluvia, los océanos, la corteza y el manto de la Tierra?

Es difícil imaginar que el agua no provenga de las regiones exteriores del Sistema Solar, donde hacía el frío suficiente como para permitir su estabilidad en forma de hielo, concentrado y móvil. Se hace necesario postular, pues, que la evolución dinámica del Sistema Solar, en una forma particular, desempeñó un papel esencial a la hora de incorporar en el disco interior una fracción de estos granos con el fin de dar cuenta, *al menos,* del agua de los océanos en la Tierra. Se han desarrollado varios escenarios.

Por ejemplo, se ha propuesto que el agua fue traída por impactos de asteroides y cometas que habrían tenido lugar varias decenas o incluso cientos de millones de años después de que se formara la Tierra, como un toque final. De hecho, una fracción del agua podría haberse incorporado de esta manera, pero no parece suficiente como para dar cuenta de los depósitos de agua terrestres.

Aquí se hace otra sugerencia. Y ofrece un nuevo ejemplo del papel esencial de las propiedades contingentes.

La dinámica del disco protosolar no se limitó a acumular los constituyentes sólidos de la zona interior. También expulsó parte de este material interno hacia afuera, lo que ayudó a repoblar lo que más tarde se convertiría en el cinturón de asteroides. Paralelamente, inyectó en el disco interno granos y objetos procedentes de las regiones externas, frías, ricas en hielos y compuestos de carbono, de los cuales dan testimonio hoy día los núcleos cometarios. Este material se mezcló con granos minerales durante la formación de los protoplanetas.

Por lo tanto, el agua se habría incorporado a los protoplanetas *incluso durante* su crecimiento.

Al final de esta fase, que pudo durar hasta unas pocas decenas de millones de años, el Sistema Solar interior podría haber contado con unas pocas docenas de protoplanetas, arrastrados por una intensa corriente de movimiento y colisión y jalonado de violentos impactos que tuvieron efectos importantes.

Estos *impactos gigantes*, a velocidades de más de diez km/s, afectaron a la mayoría de estos protoplanetas. Un gran número fue incluso destruido cuando los choques entre objetos de masa similar eran demasiado frontales.

La Tierra habría sufrido el impacto de un objeto, Tía (o Tea), de una masa del orden de una décima parte de sla suya propia, similar a la del Marte actual. Como hemos visto (Capítulo 2), esta sugerencia y la evaluación que se ha hecho de la masa del objeto impactante se hicieron para dar cuenta de las propiedades de la Luna (reveladas tras el análisis de las muestras lunares obtenidas por las misiones Apolo y Luna), las cuales no eran compatibles con los escenarios de formación de la Luna propuestos con anterioridad. El gigantesco impacto habría expulsado enormes cantidades de material tanto del objeto impactante como de las capas externas de la proto-Tierra, restos que habrían quedado retenidos por la gravedad en forma de un disco circunterrestre de muy alta masa. En este disco es donde se habría formado posteriormente la Luna por acreción (véase la Figura 13, p. 139, en la parte inferior).

Las características específicas de este impacto, propuestas para explicar cómo se formó la Luna (la masa y composición del bólido incidente, la velocidad y la geometría del impacto) han preservado la existencia de la Tierra, pero han influido mucho en sus propiedades y posterior evolución. Su temperatura interna aumentó a varios miles de grados, lo que convirtió el material en magma viscoso. El hierro y otros materiales pesados, tanto del objeto impactante como de la Tierra, se hundieron en su centro, por la gravedad, para formar un gran núcleo metálico y, al menos parcialmente, líquido. Ha sido y sigue siendo la fuente de un campo magnético muy intenso que crea una magnetosfera con efectos significativos. Esto sucedió sólo unas pocas decenas de millones de años después de la formación de la Tierra.

¿Qué pasó con el agua, que habría sido traída por granos helados y otros objetos procedentes de las áreas frías del Sistema Solar exterior durante la fase de formación de la Tierra, mucho antes de este impacto gigante? Podría haber permanecido atrapada en este magma. Luego, al contraerse durante su posterior enfriamiento, habría expulsado grandes masas de agua a la superficie, que habría encontrado condiciones atmosféricas (resultantes del impacto gigante) favorables para su estabilidad en forma líquida: habría formado océanos de varios kilómetros de profundidad, que parecen haber perdurado hasta hoy.

Por tanto, los océanos de la Tierra datarían de una era antigua de más de 4000 millones de años, cerca de la formación misma de nuestro planeta. Si la vida «nació» en los océanos primordiales de la Tierra, no se puede excluir la posibilidad de que haya sucedido en tiempos tan remotos: la transición del Hádico al Arcaico, era del «origen», como indica su etimología, podría ser más antigua de lo que comúnmente se piensa.

No toda el agua alcanzó la superficie. Otra fracción habría permanecido integrada, a mayor profundidad, en lo que se convertiría en corteza y manto superior. El grado de hidratación de las rocas de estas áreas les habría proporcionado una viscosidad que sería el origen de una «tectónica de placas» muy particular: en número de placas, velocidades y modos de desplazamiento, en actividad volcánica y sísmica, en reciclaje atmosférico... Hemos visto cuánto depende la temperatura en la superficie de la Tierra del efecto invernadero producido por una fracción, por pequeña que sea, del dióxido de carbono primordial precipitado en forma de carbonatos, reciclados por esta tectónica...

La sensibilidad de los efectos del impacto gigante a estas condiciones particulares es inmensa.

Además, como demostró la misión Rosetta-Philae (analizada más adelante en el Capítulo 9), los granos presentes en las regiones exteriores del Sistema Solar, de los cuales los cometas son ejemplos, no sólo contienen hielo de agua, sino también, en proporciones aún mayores, compuestos de carbono, orgánicos. Debido a las turbulencias del disco, algunos penetraron en las regiones internas. Durante la fase de acreción y de crecimiento de los protoplanetas interiores se mezclaron con granos minerales. ¿Qué pasó con estos compuestos, que se calentaron de forma intensa durante las colisiones primordiales sufridas por estos objetos?

Podrían estar en el origen de las importantes cantidades de dióxido de carbono CO_2 que se difundió hacia la superficie y que se convirtió después en el constituyente mayoritario de las atmósferas de los planetas telúricos, de los cuales Venus y Marte aún son testigos.

En la Tierra, la existencia perenne de los océanos ha permitido la disolución casi completa del CO_2 primordial, transformado en carbonatos que se acumulan en su fondo, resultado de procesos tanto abióticos como relacionados con la actividad (entonces calificada como biomineral) de especies marinas vivas.

Otra fracción de las moléculas orgánicas primordiales puede haber sufrido una metamorfosis, en lo profundo de la Tierra, y haberse transformado en los llamados «querógenos», compuestos orgánicos que pueden evolucionar en carbón y petróleo, similares en naturaleza a depósitos más superficiales, resultantes de la descomposición de la materia viva.

Los modelos de la dinámica primordial del Sistema Solar generalizaron la existencia de esta fase de impactos gigantes y hacen necesario constreñir cuáles afectaron a la Tierra. La existencia de impactos gigantes se presentaba como un proceso que podría haber marcado todos los objetos internos en una etapa de su crecimiento. Por otro lado, esto hizo posible plantear una extraordinaria diversidad de configuraciones, lo que a su vez contribuye a la diversidad de las evoluciones de los objetos que las experimentaron.

Hay satélites alrededor de la mayoría de los planetas del Sistema Solar. En este sentido, la existencia de la Luna de la Tierra no es en absoluto una excepción. Lo que sí es una excepción son sus propiedades, unas muy concretas que marcan, a su vez, las del sistema Tierra-Luna, e inducen propiedades no menos singulares en la propia Tierra. Primero, por la masa de la Luna en relación con la de la Tierra. Esta es mucho mayor de lo que se observa en otros lugares: Marte, por ejemplo, tiene dos satélites, Fobos y Deimos, cuyas dimensiones no superan los 25 kilómetros. Los satélites galileanos de Júpiter son de masa aproximadamente igual a la de la Luna, o incluso un poco más alta, pero insignificante en comparación con la de Júpiter, 300 veces más masivo que la Tierra. Ni Fobos y Deimos ni los satélites galileanos tienen efectos en Marte y Júpiter, respectivamente, similares a los que la Luna ejerce sobre la Tierra.

Por su alta masa en comparación con la de la Tierra, la Luna participa en la evolución de nuestro planeta.

Obviamente, debemos la existencia de las mareas oceánicas a la presencia de la Luna, junto con los efectos del Sol. Sin embargo, la Luna ejerce un efecto gravitatorio con consecuencias aún mayores para la evolución de la Tierra en su conjunto. Fue un astrónomo del Observatorio de París, Jacques Laskar, quien propuso y demostró hace casi treinta años, a través del cálculo, que la Luna estabiliza la *oblicuidad* de la Tierra. ¿A qué nos referimos? La Tierra gira sobre sí misma, en 24 horas, alrededor de un eje, el eje de los polos, inclinado un poco más de 23 grados con respecto al plano que forma la trayectoria de la Tierra alrededor del Sol, algo que denominamos la eclíptica. Este ángulo de 23 grados, igual a la latitud de los trópicos, es lo que llamamos oblicuidad. ¿De dónde proviene su valor? De la compleja dinámica primordial que vio cómo innumerables colisiones modificaban el movimiento de los protoobjetos, dictado por atracciones gravitatorias, principalmente la del Sol. Estas numerosas interacciones no se detuvieron una vez que los planetas se pusieron en órbita: la oblicuidad debería haber evolucionado y, sin embargo, parece haberse mantenido estable.

Esto no se debe a que (al contrario de lo que plantean ciertas ideas bien establecidas) los movimientos planetarios estén regulados de una vez y para siempre, o sean inmutables y tengan «la precisión de un reloj». Su estabilidad no se mantiene durante un periodo infinito de tiempo. Como hemos visto con la migración, es un efecto directo de la gravedad misma lo que los hace evolucionar: todos los objetos, a su vez en movimiento, ejercen una atracción mutua cuya intensidad es una función de su masa. Así pues, podemos imaginar una órbita planetaria dictada esencialmente por el Sol, de acuerdo con una elipse que otros objetos modifican, «perturban». Estas perturbaciones evolucionan con el tiempo a un ritmo variable, dependiendo de la propiedad tenida en cuenta y de la situación específica de un sistema determinado. Están sujetos a las reglas del caos, introducidas por Henri Poincaré hace más de un siglo. Además de las perturbaciones gravitatorias iniciales, siempre se producen desviaciones de las trayectorias calculadas que involucran sólo un pequeño número de objetos cuyos movimientos se supone que son perfectamente conocidos. Este es también el caso de la oblicuidad.

La oblicuidad de un planeta, considerada sin intervención de otros factores, varía a lo largo de periodos de millones de años (cortos en comparación con su edad) con una amplitud de oscilaciones que pueden alcanzar valores muy altos. Si supera los 90 grados, se dice que el planeta pasa a girar sobre sí mismo con una rotación retrógrada, como es el caso de Venus y Urano. Los efectos de estas oscilaciones pueden ser importantes, por ejemplo, para planetas con casquetes polares. Así, para el caso de Marte, Jacques Laskar demostró que la oblicuidad, actualmente de unos 25 grados, podría haber sido 10 grados mayor hace sólo 2 o 3 millones de años. Los efectos calculados por el grupo de François Forget, del Laboratorio de Meteorología Dinámica (LMD) de París (Francia), podrían haber implicado la sublimación del hielo polar, que se habría recondensado en los flancos occidentales de los volcanes gigantes cercanos al ecuador, empezando por Olympus Mons. ¡Efectivamente! Poco después de esta predicción, se detectaron, en los sitios predichos, estas estructuras de erosión glacial, que datan de unos pocos millones de años.

¿Por qué en el caso de la Tierra la oblicuidad no varía tanto? Jacques Laskar demostró que uno de los efectos de la Luna es, precisamente, haber estabilizado su oblicuidad en su valor actual, cercano a los 23 grados. ¡Durante miles de millones de años, este ángulo habría variado en poco más de 1 grado! Esta notable estabilidad, única entre las observaciones planetarias realizadas hasta la fecha, tiene una consecuencia importante, en gran parte porque la oblicuidad se refleja en la insolación recibida en diferentes latitudes. Por otra parte, la distribución geográfica de los continentes y océanos muestra grandes variaciones con la latitud, por lo que no responden de la misma manera a la insolación, cuyo nivel depende del ángulo en el que llegan los rayos del sol y, por lo tanto, de la latitud. En resumen, si no fuera por la estabilidad, ¡las variaciones en la oblicuidad tendrían en la Tierra efectos climáticos mucho mayores!

De hecho, hay una evolución de la posición del eje de rotación de la Tierra sobre sí misma en relación con las estrellas. Gira como una peonza, con un periodo de unos 26 000 años, en un movimiento llamado de precesión. Sin embargo, este ángulo se mantiene esencialmente constante, en un valor muy cercano a los 23 grados.

Dado que el eje define la dirección del norte, la posición de este punto en el cielo evoluciona en paralelo: actualmente apunta hacia la estrella Polar, ubicada al final de la cola de la Osa Menor (lo que facilita la detección, por la noche, del norte terrestre). Hace 14 000 años, la dirección del polo norte apuntaba a una región del cielo que está muy lejos de la actual estrella Polar: cerca de Vega, la más brillante de las estrellas de la constelación de la Lira, próxima al cenit de nuestras noches de verano. En poco más de 10 000 años, volverá a apuntar al mismo lugar.

Este movimiento de peonza tiene un efecto en el clima terrestre, ya que la órbita de la Tierra no es estrictamente circular y la distribución de los continentes (así como su respuesta a la luz solar) difiere significativamente entre los hemisferios norte y sur. Actualmente, la Tierra se encuentra a principios de enero en el perihelio, es decir, en esa fecha está más cerca del Sol, mientras que en julio está más lejos, en el afelio: al recibir más energía (alrededor del 6%) durante el invierno del hemisferio norte que durante el verano, la configuración actual disminuye las diferencias anuales en la temperatura media. La situación se invierte más o menos cada 13 000 años, lo que en parte está en el origen de una evolución en las temperaturas medias de la Tierra, de 5 a 6 °C: aunque el efecto es bastante bajo, fue suficiente para generar el ciclo de glaciaciones terrestres. Otros efectos gravitatorios, debidos a otros planetas, también contribuyen a las variaciones climáticas, aunque son de menor importancia. Esto explica por qué la recurrencia de las glaciaciones no es estrictamente periódica, y que su intensidad no sea siempre la misma. Como estas variaciones climáticas abarcan miles de años, dan a las especies vivas tiempo para adaptarse o migrar y evitar así su desaparición.

El cambio climático de origen antropogénico, en el que estamos inmersos actualmente, podría alcanzar amplitudes térmicas de valores similares, pero en rangos de tiempo que ya no se miden en miles de años, sino en décadas: demasiado poco como para que se establezcan sistemas reguladores efectivos y para que todas las especies se adapten. Este es el gran desafío que hay que afrontar, ¡pero esta vez la escala se limita a este siglo!

Considerando tan sólo las causas astronómicas (por importantes que sean algunos de los efectos de las variaciones climáticas relacionadas con la precesión) unos pocos grados no son nada comparado con lo que serían los efectos de una variación en el ángulo de inclinación, es decir, de la propia oblicuidad: imaginemos las consecuencias de una desaparición completa de los casquetes polares debida a una oblicuidad muy inclinada hacia el Sol. ¿Qué sería de la evolución de los océanos de la Tierra, entre la captura global en hielo y la total evaporación?

La vida terrestre, a medida que ha evolucionado, se ha beneficiado de la estabilidad a gran escala del clima de la Tierra, que ha favorecido a su vez la de los océanos presentes en su superficie desde su formación, hace más de 4 000 millones de años. Se lo debemos a la Luna. Más precisamente, a *esta* Luna (formada a partir de un impacto muy particular) y a todos sus parámetros.

Si este impacto hubiese sido causado por un objeto de diferente composición y dimensiones, o si hubiera ocurrido con una geometría distinta, las consecuencias habrían sido muy diferentes. De haber sido frontal, no habría generado un disco circunterrestre protolunar, debido a una velocidad promedio de eyección de escombros demasiado baja. Si hubiese sido rasante, habría inducido un menor aumento de la temperatura interna: el agua podría no haber subido a la superficie, y el movimiento de viscosidad del manto habría dado lugar a una tectónica completamente diferente. El disco circunterrestre habría sido mucho menos masivo y, como consecuencia, una Luna menos masiva habría generado efectos gravitatorios menores, incapaz de estabilizar la oblicuidad (esto se observa, por ejemplo, en Marte, donde la baja masa de Fobos y Deimos no induce ningún efecto gravitatorio perceptible).

En resumen, los efectos de los impactos gigantes ilustran el papel estructurante de la contingencia, el de las condiciones específicas de cada una de ellas, dentro de un proceso esencialmente genérico (las colisiones entre protoplanetas), para establecer una diversidad de evoluciones a la altura de lo que revela la exploración espacial.

Capítulo 7
La Tierra: ¡una combinación única de contingencias!

La migración planetaria y los impactos gigantes son ejemplos de los factores contingentes que hay tras la extraordinaria diversidad de mundos planetarios. Hay muchos otros factores que también desempeñaron un papel, como el contenido radiactivo de la Galaxia en el momento de la formación de los sistemas planetarios.

Cuatro interacciones fundamentales, incluida la gravitación, operan en todas las escalas del universo, desde los núcleos atómicos hasta las galaxias en su conjunto. Durante siglos cundió la idea de atribuir a estas «fuerzas» un papel dominante como impulsoras y moldeadoras de la evolución. Su carácter universal llevó a la justificación de paradigmas como la pluralidad de los mundos. Pero las fuerzas no son las únicas que manejan la evolución. Estructuran el marco dentro del cual las condiciones iniciales (así como los eventos y fenómenos posteriores, a veces considerados en esencia aleatorios, ya que no son predecibles) construyen la diversidad de caminos evolutivos. Así como las condiciones iniciales de un objeto o situación a otros no pueden ser estrictamente idénticas, los acontecimientos toman formas específicas impuestas por el contexto y la singularidad de cada situación: en cada etapa, a la contingencia le ha correspondido el papel decisivo. Los dos ejemplos descritos, de migración global e impactos gigantes, ilustran este asunto.

Todavía estamos muy lejos de comprender todos los procesos responsables de la evolución planetaria, en la forma particular en la que han tenido lugar: innumerables factores contextuales han forjado caminos evolutivos diferentes. Para los objetos del Sistema Solar, una pequeña variación en uno de estos factores habría sido suficiente para construir otras evoluciones. Por eso, a pesar de la inmensidad del espacio, proponer que pueda darse el mismo conjunto de factores en otros lugares sería ignorar los principales descubrimientos de la exploración contemporánea, que revela como nuevo paradigma la diversidad y los procesos que son responsables de la misma.

Entonces, ¿es la Tierra única?

De entrada, la respuesta no lo es, en el sentido de que se construirá en función de las características que definan qué es «la Tierra». Lo que está cambiando profundamente no es tanto la respuesta, sino la pregunta en sí misma.

¿Cuestionamos la posibilidad de que haya un planeta de la misma masa, a la misma distancia de su estrella, siendo esta de tipo solar? Lo más probable es que haya un planeta con estas características, si no estrictamente idénticas a las de la Tierra, lo suficientemente similares como para que las diferencias ni siquiera sean observables. Por lo tanto, es concebible buscar tal «exotierra».

Sin embargo, una masa, órbita y estrella «central» similares no son suficientes para lograr que esta exotierra posea otras propiedades como las de la Tierra, especialmente con respecto a su cubierta oceánica, nubosa o atmosférica; ni en lo que se refiere a su posible habitabilidad, a las condiciones terrestres que han dirigido la evolución química hacia lo vivo. La masa, la órbita y el Sol no pueden explicar la extraordinaria especificidad de las propiedades que caracterizan a la Tierra, moldeada por la sucesión de eventos que la han convertido en lo que es hoy. En este sentido, el propio término exotierra refleja una visión sesgada de lo que son la Tierra y los planetas: refleja una realidad que no puede existir.

Puede parecer que esta afirmación contradice frontalmente lo que sigue siendo una supuesta línea general de investigación, tal y como se define, por ejemplo, en el reciente informe de la Academia Nacional de Ciencias de Estados Unidos (National Science Foundation, NSF). Este informe presenta sus recomendaciones a los programas de Estados Unidos en astronomía y astrofísica para la próxima década (*new decenal survey*) con la siguiente prioridad: *Pathways to Habitable Worlds: Identify and characterize* Earth-like planets *outside this solar system, with the ultimate goal of get imaging of potentially* habitable *worlds*[1]. Como podemos ver, ¡el tema sigue siendo muy controvertido!

La exploración espacial del Sistema Solar, cuyo objetivo es descifrar los procesos responsables de la extraordinaria diversidad planetaria, ha hecho necesario dejar de ver la estrella central, el Sol, como el motor principal de la evolución. Esto se ilustra con el ejemplo de la temperatura en la superficie de la Tierra: la composición de la atmósfera (y en particular su contenido de vapor de agua y dióxido de carbono CO_2) desempeña un papel crítico. Pero entran en juego otros factores, como la radiactividad de las capas internas, con una tectónica muy particular en función del grado de viscosidad de las rocas, que depende del contenido de agua que, a su vez, proviene de una historia de colisiones que es en sí misma bastante particular, etc.

Resulta sorprendente que asumamos esto cuando se trata del Sistema Solar, pero, si hablamos de exoplanetas, demos por hecho que un pequeño número de características del planeta y de la estrella central serían suficientes para inducir propiedades como la estabilidad de los cuerpos de agua líquida y la «habitabilidad» resultante...

La historia evolutiva de la Tierra, como la de cualquier planeta, no surge de un determinismo basado únicamente en leyes y condiciones iniciales extrapolables a otra situación: la variedad de posibilidades en cada etapa fue inmensa. La historia de la Tierra ha estado marcada por episodios críticos, construidos como singularidades, de acuerdo con contingencias que la astrofísica contemporánea apenas comienza a descifrar. Todas sus propiedades actuales dan testimonio de ello.

---

[1] «En busca de mundos habitables: identificación y caracterización de *planetas similares a la Tierra* fuera del Sistema Solar, con el objetivo final de obtener imágenes de mundos potencialmente *habitables*», 4 de noviembre de 2021.

Desde la Antigüedad, y hasta la era espacial, sólo un número muy limitado de propiedades eran accesibles a la observación: esto justifica que se les asignaran roles evolutivos esenciales y que se pensara que eran muy comunes en todo el universo. Pero hoy esto ha cambiado: ahora la Tierra está adornada con numerosas singularidades, cuyos orígenes vamos conociendo.

Al acceder a una visión más detallada de los objetos, descubrimos lo excepcional, cuya improbabilidad aumenta considerablemente. A través del profundo conocimiento que hemos adquirido de ella, la Tierra se ha vuelto única. No puede haber otra Tierra en otro lugar.

SEGUNDA PARTE
Singularidad de la vida

Capítulo 8
¿Un mundo antes de la vida?

Si en la actualidad se acepta que la Tierra es única, es gracias al conocimiento que hemos adquirido. La definición que ahora damos de ella tiene en cuenta la diversidad de sus propiedades y la comprensión de la secuencia de contingencias impuestas a las condiciones y eventos que les han dado forma.

¿Acaso es también una especificidad terrestre la propiedad de haber albergado las condiciones que permiten que se desarrolle el mundo viviente?

La respuesta a esta pregunta presupone que estemos de acuerdo, como ocurrió con los planetas y la Tierra, en lo que implican estas palabras: lo que define lo vivo y lo diferencia de lo no vivo.

Parece obvio que existe una diferencia entre la «naturaleza» de una piedra y la de un árbol: pero ¿qué significa que esta diferencia esté al nivel de su naturaleza? ¿Cómo describir lo que distingue la piedra del árbol desde el punto de vista de las propiedades que permiten calificar el árbol como objeto o «ser» vivo?

Lucrecio, en su *De natura rerum,* ofreció ya una posible respuesta, proponiendo que no son los constituyentes, sino su disposición, su organización, lo que marca la diferencia en todas las cosas:

> Añadiré que si el hombre y los animales necesitan propio adecuado alimento, y si los seres viven a expensas los unos de los otros, es porque está constituido cada uno por principios comunes a los demás, en relación con el total del universo. Importa, pues, que investiguemos no solamente la naturaleza de esos principios elementales, sino también sus leyes, sus

aproximaciones, sus movimientos recíprocos; pues es de toda evidencia que los principios que forman los ríos, el sol, el cielo, el mar, la tierra, son los mismos que contienen los árboles, los animales y los frutos de toda especie; todo se mueve según sus elementos constitutivos.

Sin duda notarás que en muchos de estos versos míos hay varios elementos o letras simples comunes a numerosas palabras, y, sin embargo, ni los versos ni las palabras tienen igual significado y sonido igual: varía el valor de las letras sólo al cambiar estas de orden. Y como los elementos primordiales de las cosas en mayor número son que las letras, pueden producir mayor suma de seres diferentes[1].

Por tanto, para Lucrecio, cuando tratamos de describir la vida basándonos en sus constituyentes elementales, encontramos una suma de átomos y moléculas que no tienen, como tales, especificidades reales.

Entonces, ¿cómo tuvieron lugar las selecciones que han dado lugar a evoluciones tan distintas como «los ríos, el sol, el cielo, el mar, la tierra, los árboles, los animales y los frutos»? Una de las respuestas proviene de la visión creacionista. ¡Debemos darle crédito por ofrecer una respuesta simple a la pregunta de la aparición de la vida! Entra en resonancia con el paradigma de la generación espontánea, que también tuvo muchos seguidores, antes de que violentas batallas lograran destronarla.

Es bastante comprensible que, en la Antigüedad, desde China hasta Egipto o Grecia, la aparición repentina de polillas, pulgones o mohos se atribuyera a un principio que ignoraba la existencia de precursores vivos. También lo es que este principio se extendiera a la aparición de la vida en la Tierra. La ausencia de claves, de restricciones observacionales, dio rienda suelta a la fecundidad de la imaginación humana.

---

[1] Tito Lucrecio Caro, *Naturaleza de las cosas, versión en prosa del poema «De rerum natura»*, traducción de Manuel Rodríguez Navas, Madrid, 1892. El fragmento abarca parte de los versos comprendidos entre el 809 y el 836 del libro primero *[N. de la T.]*.

Fue necesario esperar hasta el siglo XVII para poder plantear un enfoque científico de esta cuestión, primero, gracias a observaciones microscópicas. Estas permitieron revelar la existencia de organismos extremadamente pequeños en la materia viva: «microbios». Francesco Redi, en su *Esperienze intorno alla generazione degl'insetti*, publicado en 1668, ya muestra que los gusanos presentes en los cadáveres provienen de huevos depositados por insectos, en este caso moscas. En el siglo XVIII se hicieron las primeras pruebas de esterilización por aumento de temperatura: indicaron el papel de los precursores biológicos en el origen de los efectos de fermentación. Sin embargo, hubo que esperar hasta los rigurosos experimentos de Louis Pasteur, iniciados en 1859 (el mismo año en que Darwin publicó *El origen de las especies*), para demostrar que era necesario introducir gérmenes infecciosos en un medio desinfectado o esterilizado para que se desarrollaran la fermentación o la infección: ¡por lo tanto, estas no procedían de la generación espontánea!

Resulta destacable que el rechazo de la generación espontánea haya sido aceptado como definitivo, sin demasiada dificultad, mientras que su corolario, la extensión del concepto de creación en el origen de la vida misma, haya mantenido, hasta el día de hoy, si no su legitimidad, al menos a sus heraldos. Puesto que un enfoque de este tipo (creacionista) no requiere ni ofrece ninguna validación, una propuesta como esta (que en esencia es puramente dogmática) no se considera satisfactoria para este caso.

Una segunda respuesta sería la de considerar la vida como una etapa «natural», genérica de la evolución cósmica. De hecho, con frecuencia se concibe como evidente que lo vivo tendría lugar dentro de una evolución a gran escala que opera en una dirección, una flecha, que va de lo simple a lo complejo. A lo largo del tiempo, la materia iría subiendo de nivel en una escala de complejidad creciente. Lo vivo estaría en el nivel más elevado.

Así, los cuarks, «partículas elementales» presentes en los primeros momentos de la Gran Explosión, se habrían acoplado[2] para formar, en concreto, los constituyentes básicos de la materia actual, protones y neutrones. Luego, a medida que el universo se enfriaba, se habrían formado núcleos más complejos, dentro de los reactores nucleares que constituyen las estrellas. Entonces se habrían sintetizado los átomos, seguidos de las moléculas, y entre ellas, moléculas orgánicas, que incorporan carbono, hidrógeno y otros elementos. El siguiente paso habría dado lugar a estructuras vivas que evolucionan hacia objetos cada vez más complejos: ¡el cerebro humano aparecería en la parte superior de la pirámide (véase la Figura 18, página 16 en la parte superior del pliego de imágenes)!

Sin proponer necesariamente que este camino evolutivo sea el único posible, el hecho de que exista, y que no (re)conozcamos ningún otro, da crédito a quienes deducen a partir de aquí el carácter general de lo vivo en la evolución cósmica.

Esta visión en concreto, teorizada por Pierre Teilhard de Chardin, hace de la vida el objetivo final de la construcción de la complejidad cósmica.

Expulsado del centro del universo por Copérnico, y de la finalidad de la evolución de la vida por Darwin, el ser humano, al elegir una escala que lo coloca en un lugar privilegiado, volvería a situarse en un punto fundamental.

Es fácil imaginar lo que, especialmente en el siglo XIX, justificó tal construcción, una en la que el cerebro humano dominaba la «Naturaleza» en general. La idea de una flecha, una dirección para la evolución, sigue profundamente arraigada. Lo mismo ocurría, y a veces sigue ocurriendo, con la idea de proyecto o de diseño.

Cabe señalar que el hecho de reintroducir una finalidad bajo la forma de dirección impuesta choca con la esencia misma de la demostración de Darwin de los principios de la evolución del mundo viviente: en cada etapa, el campo de posibilidades abierto por la inevitable existencia de defectos en el

---

[2] De dos en dos, para formar *mesones,* y de tres en tres, para formar *fermiones,* incluyendo *protones* y *neutrones.*

proceso de replicación es extremadamente vasto. Permite que opere la «selección natural» de la mejor adaptación al contexto ambiental gracias a las funciones transmitidas. Además, por la evolución de lo vivo, las funcionalidades pueden incluso desaparecer, induciendo lo que podría considerarse una simplificación de los organismos, y no su complejización.

Por otro lado, siempre es posible aislar o definir criterios según los cuales tal «especie», tal familia, se vea favorecida en el enunciado de esta construcción: si el criterio elegido es el del número de neuronas en la corteza cerebral, la complejidad neuronal del cerebro humano lo coloca fácilmente por encima de otras especies. Sin embargo, en la relación entre el tamaño del cerebro y la masa corporal, el tití supera con creces al ser humano...

El interés de una escala que ponga a los humanos en la cima es, histórica y socialmente, obvio. Sin embargo, existen otros criterios que invertirían el indicador de las jerarquías. Por ejemplo, la resistencia de seres vivos de «menor capacidad cerebral», hormigas, ranas, escorpiones, reptiles o medusas, les permitió sobrevivir, como «especies», durante cientos de millones de años, más allá de las extinciones que marcaron el reino vivo. Esto demuestra una facultad estructural, incluso a nivel molecular, que todavía estamos lejos de haber descifrado por completo, ¡y que el ser humano está lejos de haber alcanzado!

La evolución no sube ninguna escalera ni «busca» adaptarse.

La selección natural no *tiende* a una mayor complejidad: entre todas las variedades existentes en cada etapa de la evolución, las más capaces de cumplir con las condiciones impuestas por el contexto, en un lugar y tiempo determinados, tienen una ventaja que las hace predominar. Las propiedades de las formas que fueron «seleccionadas» no habían sido moldeadas deliberadamente: sólo fueron seleccionadas de entre otras que no las poseían, porque estas propiedades les permitieron resistir mejor las depredaciones, estar mejor equipados en la competencia por los recursos (fundamentalmente limitados) o enfrentar cambios contextuales.

No se ha demostrado ni que la evolución tenga un propósito ni que vaya en ninguna dirección.

Para lo vivo, la concepción revolucionaria de la evolución darviniana ofrece un papel decisivo a la contingencia. Que esta se exprese a nivel de organismos o, yendo hacia el origen, a nivel de codificación y traducción de genomas de ADN, sigue siendo un tema de investigación. Por otro lado, se ha construido una especie de acuerdo en torno al estatus del código genético dentro del mundo vivo: es propio y, como tal, es universal, genérico. Refuerza la existencia de un ancestro común a todo el mundo viviente, y no refleja el resultado de ningún determinismo químico.

Lo que es característico de lo vivo, ¿no lo sería también para la evolución *hacia* lo vivo? ¿No podría la vida, que conocemos y estudiamos en la Tierra, constituir una etapa genérica de la evolución que también podría darse en otros lugares, tanto en el Sistema Solar como más allá?

En general, la respuesta es positiva y ofrece un papel dominante al determinismo en la evolución hacia lo vivo. Y esto es lo que estamos cuestionando. No es que toda causa produzca un efecto y que, en este sentido, las etapas elementales de la evolución sean estrictamente causales. Lo que limita una perspectiva «determinista a largo plazo» (que daría un sentido global a la evolución y permitiría un pensamiento genérico) es el alud, a lo largo del tiempo, de nuevas «causas», de esencia impredecible en sus propiedades concretas (y por tanto puramente contingentes) que modifican profundamente las direcciones tomadas.

Los factores contingentes sólo pueden ser reconocidos, descifrados y rastreados *a posteriori*. Podemos *reconstruir* a grandes rasgos el proceso de formación de la Luna por impacto o las migraciones planetarias que han esculpido el Sistema Solar, pero el conocimiento preciso de las condiciones que han generado propiedades planetarias tan específicas está totalmente fuera del alcance de una visión predictiva. Esto es lo que ayuda a invalidar las extrapolaciones de una situación dada a una generalización cósmica.

El alcance del determinismo está directamente relacionado con el nivel de las energías involucradas: muy alto para ciertos objetos del mundo «inanimado», muy bajo para todo el «mundo orgánico» sujeto sólo a interacciones químicas. Esto otorga un papel fundamental a la interacción de factores vinculados a los contextos: constituyen el caldo de cultivo para una diversidad extraordinaria, dentro de la cual el único privilegio evolutivo de lo vivo es estar mejor adaptado al contexto terrestre.

Tomemos el caso de la formación del Sol y, en general, de las estrellas. Podemos reconstruir, mediante un modelo validado por experimentos de laboratorio, el colapso de una nube interestelar, lo que hace que la temperatura y la presión en su centro aumenten hasta que se enciendan las reacciones termonucleares. Esto marca el nacimiento de lo que, por convención, llamamos estrella: su propiedad principal es ser el centro de las reacciones nucleares que sintetizan núcleos atómicos. Hoy en día, la aparición de una propiedad específica, la nucleosíntesis, en etapas sucesivas de colapso gravitatorio, se explica por leyes físicas y está ampliamente aceptada como representativa de la realidad estelar. De hecho, la necesidad de comprender qué es lo que hace que el Sol brille desde hace miles de millones de años ha requerido una mejor comprensión de la fuente de energía involucrada, y de ahí, a su vez, ha nacido la comprensión de la estructura misma de los núcleos: así se construyó la «física nuclear». El determinismo de esta evolución, con la masa de la nube «autogravitante» como único parámetro, está directamente relacionado con el altísimo nivel de energías involucradas, dictado por la interacción fuerte. Esto permite predecir si el colapso de una nube acabará formando una estrella, lo que lleva a calificarla como protoestelar.

Por otro lado, dado que la evolución es el resultado de procesos químicos que implican niveles de energía considerablemente más bajos, la intervención de factores externos enriquece el proceso y multiplica las vías de reacción, lo que genera una amplia diversidad: a nivel de evolución global, predomina el contexto.

Este juego de incontables posibilidades, en gran medida impredecibles, junto con la causalidad de cada etapa, puede describirse como «azar determinista».

En vista de la extrema riqueza de los elementos y mezclas moleculares potencialmente disponibles, lo vivo parece organizarse en torno a un número muy específico de constituyentes. En la famosa tabla establecida por Dmitri Mendeléyev, que contiene más de cien elementos, seis de estos dominan los edificios moleculares de lo vivo: H, C, N, O, P y S. Se asocian a otros no menos esenciales, como el sodio (Na), el potasio (K) y el calcio (Ca). Cantidades diminutas de elementos metálicos (Fe, Mg, Mn, Zn, Pd...) se utilizan como factores enzimáticos, catalizadores de reacciones muy específicas. Y desde el punto de vista molecular, tomando como ejemplo el caso de los aminoácidos, sólo unos veinte se encuentran en las proteínas de todas las especies vivas conocidas. Los azúcares del ADN son sólo pentosas, formadas por cinco átomos de carbono, y sólo se usan cuatro bases nitrogenadas. Por tanto, las reacciones químicas que construyen las estructuras de la cadena de la vida implican una intensa selección.

Cabe preguntarse de qué propiedades particulares debía estar dotada la mezcla orgánica primordial para hacer esta selección y orientar (inmersa en un ambiente único) su evolución química hacia lo que, en la Tierra, se ha convertido en lo vivo. ¿Cuáles fueron esos «ladrillos», a menudo descritos como «prebióticos», que aseguraron la transición hacia lo vivo?

Hemos de tener en cuenta que calificar como prebióticas las moléculas, los ladrillos o incluso los procesos, equivale a reconocerles un propósito: el de participar en una evolución hacia lo vivo (biótico). Sin embargo, para ello es necesaria la puesta en común y la interacción de constituyentes y condiciones que ninguno de los elementos, tomados individualmente, puede satisfacer: mientras que este acoplamiento no se lleve a cabo, seguirán siendo abióticos. ¡Sólo podemos afirmar que una molécula es prebiótica a *posteriori*!

La astrofísica plantea su propia contribución a este debate (esencialmente biológico) sobre el «mundo anterior», el debate sobre la formación de estos «ladrillos» y sus posibles especificidades.

Mucho antes de que se pudieran utilizar las tecnologías espaciales, ya existía la astrofísica de laboratorio. Aleksandr Oparin publicó en 1924, en Moscú, la hipótesis de la síntesis, en la atmósfera primitiva de la Tierra, de aminoácidos y otros compuestos vitales (en forma de *coacervados*) concebidos como ancestros del «primer» embrión celular de organismo vivo. Se ejecutaron experimentos para tratar de simular la síntesis primordial (si no de organismos vivos, al menos de sus presuntos constituyentes «prebióticos») a partir de compuestos considerados inertes. Se llaman experimentos de tipo Miller-Urey, en honor a Stanley Miller, entonces estudiante de doctorado bajo la supervisión de Harold Urey, premio Nobel de química en 1934 por su descubrimiento del hidrógeno pesado, el deuterio. Miller y Urey iniciaron estos experimentos en la Universidad de Chicago ya en 1953, el mismo año en que James Watson y Francis Crick publicaron la estructura molecular del ADN, de doble hélice, que les valió el premio Nobel; estructura que descubrieron como resultado de las observaciones de Rosalind Franklin, quien ni siquiera fue citada en su trabajo.

En honor a esta científica pionera, la Agencia Espacial Europea ha puesto su nombre a su primer todoterreno de Marte, el vehículo de la misión ExoMars que debería explorar el planeta rojo en busca de unos muy hipotéticos restos de vida...

Los experimentos de Miller y Urey consistieron en mezclar moléculas simples en un recipiente sellado que contenía principalmente hidrógeno molecular (H_2), agua (H_2O), un compuesto basado en el carbono (metano CH_4) y, siguiendo la sugerencia de Darwin, un compuesto de nitrógeno (amoníaco NH_3). Se suponía que esto representaba una posible composición de la atmósfera primitiva de la Tierra. Luego aplicaron una gran cantidad de energía para simular eventos como rayos u otras descargas eléctricas naturales. Pronto se hizo evidente que, en el recipiente, se formaban productos de reacción, en forma de compuestos gaseosos y residuos sólidos, cuyo análisis mostró que contenían una amplia variedad de compuestos orgánicos de alto peso molecular. En particular, después de varios días de reacción, se detectaron aminoácidos.

La importancia de estos experimentos para la búsqueda del origen de la vida se hizo obvia, ya que los aminoácidos son los constituyentes esenciales de las cadenas de proteínas de lo vivo. Parecían dar cuerpo a la posibilidad del surgimiento de los «ladrillos de la vida» en la Tierra por reacciones de moléculas simples, y supuestamente abundantes, en el entorno de la Tierra primitiva. Además, como todas parecían tener la posibilidad de existir de manera similar en muchos entornos planetarios fuera del Sistema Solar, la vida bien podría ser un fenómeno diseminado a gran escala en el universo: ¡la pluralidad de los mundos no sólo se salvó, sino que incluso se reforzó!

En las décadas que siguieron, y hasta hoy, se han desarrollado múltiples experimentos modificando las condiciones experimentales: mezcla molecular de partida; temperatura, permitiendo que el hielo reemplace a los gases; fuentes de energía, en particular agregando irradiación por flujos de radiación UV, con la idea de simular la del Sol joven... El objetivo era determinar las condiciones más favorables para la síntesis de moléculas consideradas críticas para la construcción de estructuras vivas. Además, la investigación ha continuado con el objetivo de lograr la síntesis, en primer lugar, de un coacervado, según la hipótesis de Oparin, y más recientemente, de vesículas, compartimentos separados del medio externo por paredes anfifílicas: estas incluyen moléculas tanto hidrófilas como hidrófobas, lo que promueve intercambios (incorporación/rechazo) considerados de interés «prebiótico».

Estos múltiples experimentos han demostrado, en particular, que era más favorable, desde el punto de vista del número y la composición de las especies sintetizadas, comenzar a partir de moléculas de carbono reductoras (CH_4) en lugar de oxidantes (CO_2). Entre las ricas mezclas moleculares obtenidas tras la reacción, se formó una gran variedad de aminoácidos, muchos más que el pequeño número que fabrican los organismos vivos en la Tierra. Además, los aminoácidos, moléculas quirales[3], se sintetizan en mezcla racémica[4], mientras que, en la vida, sólo está presente la forma levógira. Y, por último: hasta la fecha, no se ha producido ninguna célula... Por lo tanto, estos ladrillos carecerían de las especificidades necesarias para merecer su nombre. La exploración espacial iba a sugerir otro escenario.

Dado que ya conocemos la composición actual de las atmósferas de Venus, Marte y los planetas gigantes, el hecho de que el CH_4 promueva una mayor diversidad molecular «prebiótica» que el CO_2, planteaba una pregunta a la comunidad científica. Dadas las observaciones realizadas, parecía que las atmósferas de los planetas terrestres estaban compuestas abrumadoramente de dióxido de carbono CO_2, y no de metano CH_4, en contraste con el caso de las atmósferas de los planetas gigantes: en Júpiter y Saturno, el CH_4 domina en gran medida sobre el CO_2, al menos en las capas externas, que han sido estudiadas. Dado que todos los planetas se formaron a partir de la misma nube de gas inicial, y puesto que esta se considera el origen de las atmósferas planetarias primitivas, ¿cuál era originalmente el compuesto de carbono dominante? ¿Era el CO_2, que se habría transformado en CH_4 en los planetas gigantes o, por el contrario, era el CH_4, que se habría transformado en CO_2 en los planetas telúricos?

Los cometas, que preservan en parte el material primordial del Sistema Solar, podían tener la respuesta. El más famoso, el cometa Halley, cuyo regreso se anunciaba para 1986, ofreció una oportunidad para realizar la esperada prueba del «mundo anterior».

---

[3] La presentación y discusión de la *quiralidad* se traslada al capítulo 10 de este libro.

[4] El término *racémico-a* indica la presencia de moléculas con las dos quiralidades opuestas.

Figura 2 (véase p. 44). 16 de julio de 1969, 14:32 (hora de París): en el momento en que se tomó esta foto, acababa de lanzarse el cohete Saturno 5 Titán de la misión Apolo 11. A bordo, en el módulo cónico del extremo superior, viajaban los tres astronautas Neil Armstrong, Edwin (Buzz) Aldrin y Michael Collins. Se dirigían al Mar de la Tranquilidad lunar, al que llegarían tres días después.
Créditos: NASA-Misión Apolo 11.

Figura 3 (véase p. 45). Esta reproducción artística de la sonda Luna 24 muestra el sistema de extracción de testigos utilizado en la superficie de la Luna. En contacto con la cápsula de reentrada atmosférica, en la parte superior del cohete de retorno, vemos el sistema de recogida, a modo de rosca, del equipo de extracción.
Créditos: Asociación S. A. Lavochkina, Roscosmos.

Figura 4 (véase p. 46). Desde la misión Apolo 15, los vehículos eléctricos permitieron a los astronautas alejarse más de 5 kilómetros de su base para recolectar muestras y efectuar análisis concretos. Aquí, el comandante de la misión Apolo 17, Eugene Cernan, explora la zona de Taurus Littrow, donde aterrizó el módulo lunar.
Créditos: NASA.

Figura 5 (véase p. 48). Legendaria imagen de la salida de la Tierra, tomada desde la órbita lunar por los astronautas de la misión Apolo 8 el 24 de diciembre de 1968.
Créditos: NASA.

Figura 6 (véase p. 49). La Tierra fotografiada por los astronautas de la misión Apolo 8 el 22 de diciembre de 1968 en ruta hacia la Luna, la cual rodearon al día siguiente. Primera imagen tomada por el ser humano de la Tierra global, redonda: un planeta banal.
Créditos: NASA.

Figura 7 (véase p. 56). Imagen del suelo marciano circundante, tomada por una cámara de la sonda Viking 1, que muestra las huellas dejadas por el muestreo realizado con el brazo robótico (blanco). Posteriormente, las muestras fueron depositadas en instrumentos de análisis «exobiológicos». *Créditos: NASA.*

Figura 8 (véase p. 58). En esta imagen de Marte, tomada en 2004 por la cámara ubicada en la plataforma del róver Spirit de la NASA, vemos las huellas dejadas por las ruedas: al barrer muy superficialmente el polvo de color óxido (formado de óxido férrico) el róver revela el material basáltico subyacente, de color oscuro, que contiene óxidos ferrosos. La capa de óxido es extremadamente delgada, unas pocas centésimas de milímetro como máximo: no puede haber sido formada por agua líquida, ya que habría alcanzado mayor profundidad. ¡El color rojo de Marte no proviene de una alteración generada por el agua!
Créditos: NASA.

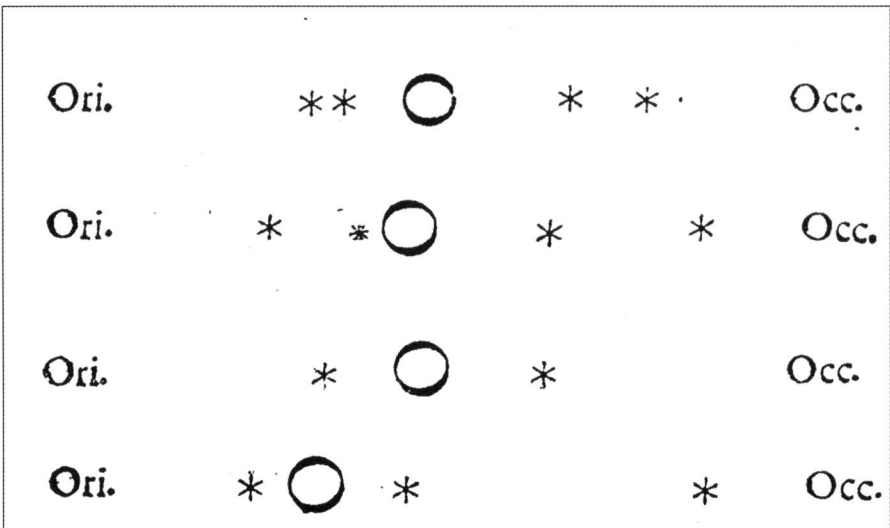

Figura 9 (véase p. 64). Dibujos de Galileo que ilustran sus observaciones de Júpiter, realizadas desde Venecia en las noches del 7 al 15 de enero de 1610. De una noche a otra, Júpiter (representado por una O central en este dibujo original) está rodeado de «estrellas» en posición variable. En realidad, son satélites girando alrededor del planeta. ¡El Sol no es el único centro de movimiento en el espacio!
Créditos: Gallica-BnF.

Figura 10 (véase p. 65). Imágenes de los cuatro satélites galileanos y de la mancha roja de Júpiter tomadas por la misión Voyager en 1979 y fusionadas en una sola imagen manteniendo sus escalas relativas. Esta ilustración destaca por su extrema diversidad, pese a que tienen grandes similitudes en sus dimensiones y condiciones originales.
De abajo hacia arriba: Calisto, Ganimedes, Europa e Ío.
Créditos: NASA.

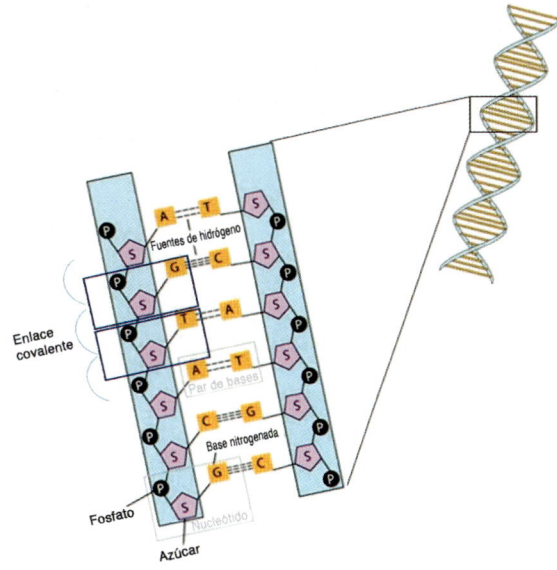

Figura 12 (véase p. 86). En esta representación de la doble hélice de la molécula de ADN, los enlaces entre las dos hebras se realizan entre bases nitrogenadas (A y T, G y C) mediante «puentes de hidrógeno» de energía débil, lo que facilita su rotura, necesaria para la replicación. Por otro lado, a lo largo de cada hebra, los ensamblajes entre «nucleótidos» que consisten en una de estas bases, un azúcar y un fosfato, son más robustos (enlaces «covalentes»), lo que, durante la replicación, mantiene la coherencia del código que constituye su secuencia.

Figura 11 (véase p. 70). En esta foto de la Tierra, tomada por Thomas Pesquet el 12 de febrero de 2017 durante su primer vuelo a bordo de la Estación Espacial Internacional (ISS), domina el contraste entre el negro profundo del cielo y el azul de los océanos. En ella aparecen muchas propiedades específicas de la Tierra, ¡como la espectacular delgadez de la capa atmosférica que protege el desarrollo de la vida en su superficie! *Créditos: Thomas Pesquet/ESA.*

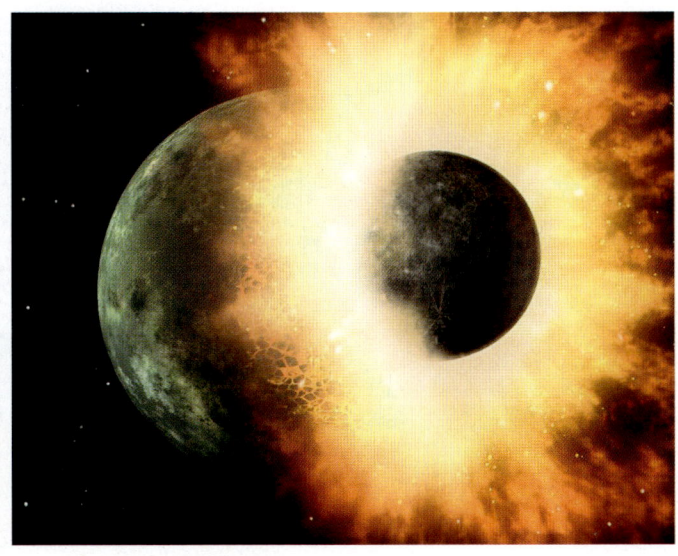

Figura 13 (véase p. 103). Representación artística del impacto gigante sobre la protoTierra de un objeto con la masa suficiente como para originar el material que dio lugar a la Luna. *Créditos: NASA/JPLCaltech.*

Figura 14 (véase p. 145). Magnífico chorro de gas y granos de polvo
que emana del núcleo del cometa Churyumov-Gerasimenko, de 4 kilómetros
de ancho. Fotografiado por la cámara Osiris, de la sonda Rosetta, estos chorros
son el origen de la cabellera y de las colas que se extienden a lo largo de miles
de kilómetros.
Esta imagen está tomada del libro: La comète. Le voyage de Rosetta, *Atelier EXB.*

Figura 15 (véase p. 156). Imagen tomada por Philae el 12 de noviembre
de 2014, que se posó sobre el núcleo del cometa P/67 tras varios rebotes.
Uno de los pies de Philae, de 20 centímetros de altura, brilla al Sol, en la parte
inferior derecha de la imagen. El material cometario, lejos de estar dominado
por el hielo, es extremadamente oscuro: está formado principalmente por granos
ricos en compuestos de carbono. Es el objeto más antiguo del Sistema Solar
jamás fotografiado *in situ.*

Figura 16 (véase p. 159). Arriba: asteroide Ryugu (1 kilómetro), fotografiado por la cámara ONC de la sonda Hayabusa 2. Pese a ser muy oscuro, aquí aparece aclarado por un procesamiento de imágenes que permite distinguir los detalles de su superficie.

Abajo: contenedor (2 centímetros de diámetro) que contiene una fracción de las muestras traídas a la Tierra. El análisis grano a grano permite identificar la composición de algunos de los materiales más primordiales del Sistema Solar. En particular, contiene compuestos orgánicos específicos, muy oscuros.

Créditos: JAXA, agencia espacial japonesa.

Figura 17 (véase p. 159). Reproducción artística que representa la recolección de muestras de la superficie del asteroide Ryugu el 11 de julio de 2019 por parte de la nave espacial Hayabusa 2.
Créditos: JAXA, agencia espacial japonesa.

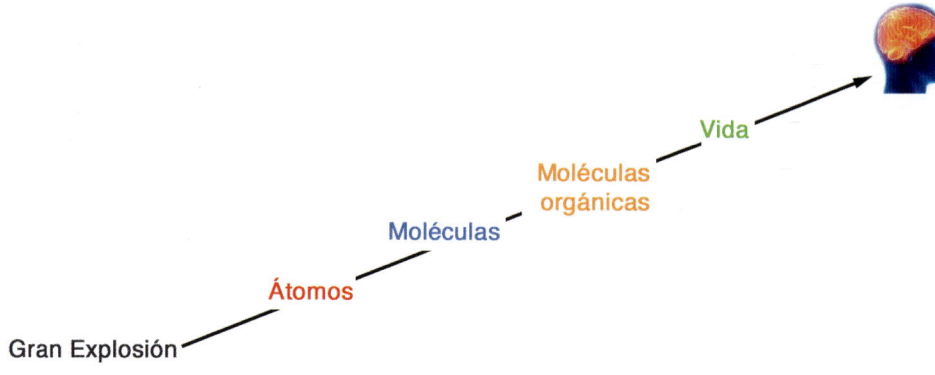

Figura 18 (véase p. 219). Paradigma antiguo: la evolución en una escala de complejidad creciente, que satisface tanto el dogma de la pluralidad de los mundos como el principio antrópico.

Figura 19 (véase p. 223). Paradigma refundado: la evolución resultado de la contingencia, en cada etapa, el motor de una diversidad infinita... La vida aparece solo en uno de los caminos posibles. Para mayor claridad, no se indican las bifurcaciones a lo largo de los demás caminos.

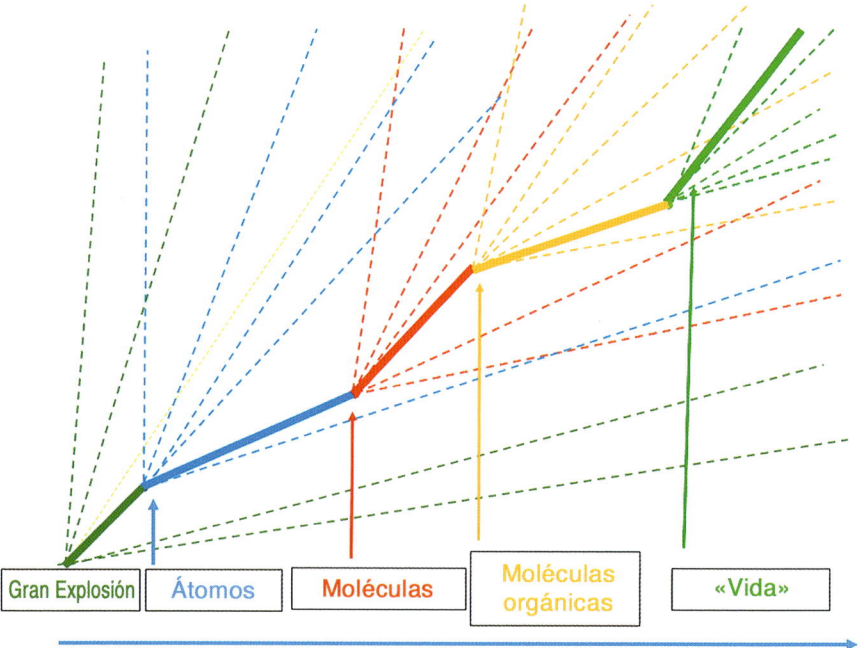

144

Capítulo 9
El mensaje cometario

Un cometa, tal y como se observa en el cielo, está formado por una *coma* («cabellera» en latín, de ahí el nombre cometa) de varias decenas o incluso cientos de miles de kilómetros de tamaño, y dos «colas» distintas, una de gas (recta) y la otra de polvo (curvada), que pueden extenderse a lo largo de millones de kilómetros (véase la Figura 14, p. 141).

Estas estructuras son el resultado de la sublimación de los hielos contenidos en el núcleo del cometa (minúsculo a estas escalas) a medida que se acerca al Sol. Este núcleo constituye el objeto cometario propiamente dicho, formado en el Sistema Solar temprano a grandes distancias del Sol, donde la temperatura es lo suficientemente baja como para permitir que los hielos (presentes en grandes cantidades en los núcleos cometarios) sean estables. Sus dimensiones son típicamente del orden de un kilómetro, poco más de una decena en el caso del cometa Halley. Como los núcleos cometarios se formaron en condiciones de frío extremo, y dado que por su pequeño tamaño no tienen suficientes recursos energéticos para haberse calentado, han conservado la mayoría de sus constituyentes en su forma original. Como mencionamos en el capítulo 4, las pérdidas por radiación superficial logran limitar el calentamiento producido en su volumen por desintegraciones radiactivas. Por eso se encuentran entre los objetos más primordiales del Sistema Solar y proporcionan acceso a las propiedades iniciales del material de la nube protosolar.

Cuando un cometa entra en el Sistema Solar interior, la radiación solar calienta su superficie, una fracción del hielo se sublima en vapor y el cometa adquiere su silueta icónica. Cada vez que pasa cerca del Sol, el núcleo del cometa se erosiona y pierde varios metros de espesor: unas pocas decenas de revoluciones, unos pocos cientos a lo sumo, son suficientes para hacerlo desaparecer. Para los cometas periódicos conocidos, cuyo periodo de revolución se mide en años, esto ocurre tras unos pocos siglos o milenios: esta fase, la última, dura sólo una pequeña porción de su historia, más de 4 500 millones de años, la edad del Sistema Solar. Tan pronto como uno de estos objetos se convierte en un cometa, extendiendo cabellera y colas, comienza su canto del cisne.

Sin embargo, en este momento es cuando los cometas, debido a que han penetrado en el Sistema Solar interior y pueden ser analizados con mayor facilidad, ofrecen a la observación uno de los testimonios más antiguos del Sistema Solar en formación.

Por supuesto, los cometas no son una única «clase» de objetos similares, de modo que, del análisis de uno de ellos, se pueda deducir indiscriminadamente información válida para todos los objetos que poblaron el espacio profundo en el naciente Sistema Solar. Cualquier clasificación conlleva el riesgo de enmascarar la potencial diversidad de objetos de la familia a la que pertenecen. Por tanto, cuando se trata de extraer indicaciones de valor global a partir de una exploración particular, la extrapolación de los resultados de observación de un objeto cometario específico requiere precaución. Sin embargo, este caso concreto nos permite hacerlo al tener en cuenta las condiciones termodinámicas del conjunto, ya que estas condiciones implican fuertes restricciones que dirigen las reacciones capaces de dar forma y modificar su contenido molecular.

Dado que, cada vez que pasa, el núcleo cometario expone una nueva superficie (previamente enterrada, al menos unos metros), esto da acceso, de una manera única, al material original, especialmente desde el punto de vista de sus constituyentes más volátiles. De hecho, en el vacío profundo del espacio interplanetario, la temperatura requerida para sublimar los hielos es muy baja: menos de -50 °C, una temperatura que, en superficie, sólo alcanzan cuando se acercan al Sol. Por debajo de estas temperaturas se desencadenan muy pocas reacciones químicas. Por tanto, los compuestos del núcleo conservan sus propiedades originales, a diferencia de los que pueblan la cabellera, donde las moléculas son irradiadas y, en consecuencia, se ven afectadas por el Sol: su composición no refleja necesariamente la de las moléculas parentales de las que provienen. En definitiva, para acceder a la composición del material original del Sistema Solar, el objetivo es caracterizar los constituyentes del núcleo, y no sólo de la cabellera.

Pero observar núcleos de este tipo antes de que estén rodeados por su cabellera requiere hacerlo cuando aún están lejos del Sol: el problema es su pequeño tamaño, que los convierte en un gran desafío, incluso con las técnicas telescópicas más eficientes con las que se cuenta en la actualidad. Es necesario ir allí, mediante la exploración espacial, para observar el núcleo, incluso si eso significa tener que penetrar profundamente en la cabellera.

El cometa Halley completa su revolución en setenta y seis años, en un plano inclinado unos 18 grados con respecto al plano de la eclíptica, determinado por la trayectoria anual de la Tierra alrededor del Sol. En 1910 había alcanzado su punto más cercano al Sol, por lo tanto, se esperaba su regreso en marzo de 1986, cuando su órbita volvería a cruzar de nuevo el plano de la eclíptica. La exploración espacial todavía estaba en pañales. Nunca antes se habían lanzado sondas con el objetivo de observar un cometa de cerca. Todavía no existían las tecnologías necesarias para realizar un «encuentro» con un cometa, ralentizando la nave espacial para adquirir la misma velocidad orbital que él con el fin de seguirlo y observarlo durante más tiempo. La única posibilidad era realizar un sobrevuelo que, en el caso de la trayectoria particular del cometa Halley, debería ser frontal y muy rápido. La velocidad relativa era cercana a 67 km/s, o 250000 km/h: ¡sólo 2 o 3 minutos separaban el momento en que el núcleo aparecía delante y luego pasaba a estar detrás de la sonda! Todo tenía que hacerse en modo totalmente automático, y sólo se dispondría de unas pocas decenas de segundos, en el mejor de los casos, para hacer las mediciones... Sin embargo, la ESA en Europa, así como la URSS y Japón, decidieron afrontar el reto y acercarse todo lo posible al núcleo del cometa Halley para intentar caracterizarlo. ¡Incluso en tan poco tiempo!

La apuesta se mantuvo, con notable éxito... a pesar de que no se hablara mucho del tema. Las agencias responsables de estas misiones han demostrado ser mucho menos eficaces que su homóloga estadounidense, la NASA, para dar a conocer las aventuras espaciales emprendidas; ¡y la NASA no estuvo directamente involucrada! Pese a todo, los resultados fueron espectaculares en el sentido de que no se correspondieron con las expectativas: el éxito de una misión no se juzga tanto por su capacidad para responder a las preguntas formuladas como para hacer otras nuevas, más cercanas a la realidad revelada.

La mayor sorpresa fue que el núcleo, aunque todos lo imaginaban brillante por estar formado principalmente de hielo de agua, resultó ser el objeto más oscuro jamás observado en el espacio hasta entonces: ¡absorbe casi el 95% de la luz solar que recibe! Y, sin embargo, los análisis de la composición de los gases que escapan de él, a medida que pasa cerca del Sol, indican que el agua es predominante. Si el núcleo está hecho de hielo, aunque sea muy oscuro, es porque estos hielos deben contener moléculas altamente absorbentes, como los hollines a base de carbono. Los análisis espectroscópicos los han detectado, aunque no se ha podido determinar su composición con precisión: ¡nadie había previsto que esta sería la fase de carbono dominante! La mayoría de los compuestos a base de carbono parecían estar en una forma molecular compleja que contiene hidrógeno, oxígeno y nitrógeno como elementos principales alrededor del carbono.

A la pregunta inicial de quién dominaba, CH_4 o CO_2, la respuesta era: ninguna de ambas, en todo caso, probablemente serían macromoléculas orgánicas. La evolución posterior de tales compuestos, en diferentes ambientes, podría sintetizar *a priori* tanto el uno (CO_2) como el otro (CH_4). Es común, y de hecho deseable, que un experimento destinado a responder a una pregunta específica conduzca a un cambio en esa pregunta, que resulta ser de menor relevancia de lo que se suponía anteriormente. El campo del cuestionamiento se abre a medida que avanza el conocimiento.

Lo que aprendimos principalmente de estas observaciones pioneras del núcleo de un cometa fue lo siguiente: contienen, atrapado en el hielo, un material carbónico complejo, del cual no podemos especificar la composición ni la abundancia. Por otro lado, debido a que, cada vez que pasa cerca del Sol, un cometa expulsa al espacio capas externas de varios metros de profundidad, la superficie que observamos ha permanecido enterrada a varios metros de hondo. Las moléculas que la constituyen no pueden ser fruto de una síntesis reciente: deben haber estado presentes en el núcleo desde su formación, contemporánea con la del Sistema Solar. Por lo tanto, el material original de los mundos planetarios probablemente contenía moléculas orgánicas complejas (que incluían carbono, hidrógeno, oxígeno, nitrógeno, fósforo y azufre) formadas en el disco protosolar, incluso antes de que se formaran los planetas.

Una vez sumergidos, dispersados en los océanos terrestres, ¿no podrían tales constituyentes haber desempeñado un papel crítico, contribuyendo al nacimiento de estructuras vivas?

Esto es lo que impulsó a la comunidad científica implicada a proponer un sucesor para estas misiones de sobrevuelo del cometa Halley. Esta vez, se trataría de contar con los medios para analizar este material orgánico, con miras a dilucidar su potencial papel «prebiótico». Por aquel entonces se estaba estudiando la viabilidad de un proyecto de este tipo, liderado conjuntamente por la NASA y la ESA. Bajo el nombre de CNSR (acrónimo de Cometary Nucleus Sample Return, retorno de muestras de un núcleo cometario), se trataba de ir al encuentro del núcleo de un cometa, aterrizar allí, obtener un bloque de varios kilogramos y traerlo de vuelta, con su hielo perfectamente conservado, para ser analizado en los laboratorios de investigación de la Tierra, ya que estos disponen de medios analíticos muy superiores a los que se pueden embarcar en una misión espacial. Por lo tanto, en ese momento, a mediados de la década de 1980, la CNSR era una misión extraordinariamente ambiciosa, en el límite de lo que la tecnología podía permitir. Los resultados de los sobrevuelos del cometa Halley impulsaron sin duda el interés por poner en marcha esta misión.

Sin embargo, muy poco después, y sin revelar los motivos, la NASA se retiró del proyecto. Dejó a la ESA sola, sin los recursos para todas estas operaciones pioneras en modo totalmente automático: encuentro con un núcleo, aterrizaje suave, recolección, lanzamiento de una cápsula de regreso a la Tierra, crucero interplanetario y aterrizaje suave en la Tierra. La comunidad científica europea se organizó para desarrollar una misión, sin duda reducida en comparación con la CNSR, pero conservando su objetivo principal: si no podemos traer una muestra de cometa a nuestros laboratorios, ¡enviemos un laboratorio para hacer los análisis *in situ*! En pocos años, se convenció a la ESA: había nacido Rosetta.

Rosetta y Philae

En 1993, la misión Rosetta se integró en el programa de ciencia espacial Horizonte 2000 de la ESA como una de sus cuatro «piedras angulares» con uno de los presupuestos más altos. Una característica de las misiones científicas de la ESA es que esta agencia lo financia todo, lanzamiento, desarrollo del satélite y sus sistemas, operaciones espaciales... con la notable excepción de los instrumentos de medición y análisis que llevan estas sondas. Estos se seleccionan a través de licitaciones y los financian las agencias espaciales nacionales de los proponentes, CNES para Francia[1]. Aunque alto, el presupuesto

---

[1] En el caso de España, los proyectos se han venido financiando a través del ministerio de turno a través de CDTI, hasta el momento en que la Agencia Espacial Española entró en funcionamiento, el 20 de abril de 2023 [*N. de la T.*].

de la ESA para la misión Rosetta no permitía financiar el desarrollo del vehículo-laboratorio que aterrizaría en la superficie del núcleo cometario. La ESA decidió que se seleccionaría y desarrollaría como un instrumento: a través de una licitación, por lo que correspondía a los proponentes obtener financiación independiente de la ESA. Por tanto, la convocatoria de propuestas instrumentales para la misión Rosetta incluía, además de los instrumentos del vehículo principal (el orbitador), un módulo de aterrizaje: un laboratorio que aterrizaría en la superficie del núcleo con instrumentos capaces de analizar sus principales propiedades.

Se preseleccionaron tres propuestas para este módulo de superficie: una estadounidense, del JPL/NASA; una alemana, del Instituto Max Planck de Lindau; y una francesa, del IAS (Institut d'astrophysique spatiale, Orsay) y el CNES. Tras plantear la opción de unir las propuestas, se fusionaron la estadounidense y la francesa, en un concepto al que dimos el nombre de Champollion. Los alemanes prefirieron seguir de manera independiente para desarrollar lo que llamaron Roland *(Rosetta Lander)*. La competición entre estas dos propuestas resultó dura: durante meses, los equipos desplegaron su ingenio para desarrollar cada uno un concepto que cumpliera con los objetivos científicos, dentro de un conjunto de limitaciones increíbles, incluida una masa que no excediera los 45 kilogramos. Finalmente, la ESA obtuvo los recursos para permitir que los dos módulos de superficie se llevaran a bordo, asignando 90 kilos a este experimento. Esto puso fin a la competición, pero no relajó las limitaciones técnicas de cada uno de los conceptos, exigiéndoles respetar la masa máxima de 45 kilos, que resultó prácticamente imposible de cumplir. Hasta que ocurrió un evento importante: la NASA decidió, de nuevo sin justificación explícita, retirarse del proyecto. En cierto modo, fue una bendición: esto hizo posible la fusión de Champollion y Roland en un solo vehículo que se beneficiaría de la masa total (90 kilos), integrando lo mejor de ambos conceptos y unificando una amplia comunidad científica. ¡Había nacido Philae!

Sin embargo, aún quedaban otros desafíos clave. Cómo poner una máquina en la superficie de un objeto del que no sabíamos casi nada: su composición, su forma, su estructura, su densidad, su gravedad... ¿Nos arriesgaríamos a resbalar, rebotar o, por el contrario, hundirnos profundamente y perder todo contacto? ¿Cómo construir sistemas e instrumentos que pudieran soportar y operar a temperaturas tan bajas como -50 °C, en el límite de lo técnicamente concebible en aquel momento? Sobre todo porque, en términos de energía y potencia disponible, sólo se contaría con unos diez vatios en total, incluyendo el Sol y las baterías. Sin olvidar que era necesario diseñar, elaborar, desarrollar, probar y entregar todo el conjunto, Philae, sus sistemas e instrumentos, en poco más de cinco años.

Fue necesario crear un consorcio de equipos, laboratorios y agencias espaciales, una estructura de dirección y gestión, reunir los presupuestos necesarios y proceder en estrecha coordinación para estos desarrollos: un vehículo-laboratorio autónomo, con todos los recursos para aterrizar suavemente y operar todos sus instrumentos; un taladro para tomar muestras de hasta 30 centímetros por debajo de la superficie; una decena de instrumentos de medición y análisis, que debían ser diseñados, realizados, probados e integrados; electrónica capaz de gestionar estos instrumentos, de adquirir, procesar, formatear y enviar datos a la Tierra *a través* del orbitador Rosetta; y para todo esto, dados los sistemas confiables que existían por aquel entonces, tan sólo se disponía de una memoria masiva de 4 MB, ¡decenas de miles de veces menos que la de los teléfonos inteligentes actuales!

El talento y el compromiso del personal involucrado, con los técnicos e ingenieros de nuestros laboratorios a la cabeza, permitieron superar estos desafíos colosales. A finales de 2002, Rosetta y Philae estaban en Kourou, listos para ser instalados en la parte superior de un cohete Ariane 5 para el vuelo 518, el 18 de un Ariane 5, programado para el 13 de enero de 2003, hacia el cometa Wirtanen.

Fue entonces cuando ocurrió el primer «incidente» importante: el vuelo anterior, el 517, el primero de una nueva versión pesada, llamada «Ariane 5 10 toneladas», similar a la necesaria (y desarrollada) para Rosetta, falló en el lanzamiento. Los dos satélites de telecomunicaciones que transportaba, Hot Bird 7 para Eutelsat y Stentor para CNES, quedaron destruidos.

De hecho, para Rosetta fue casi una suerte; si este desastre hubiera ocurrido en el siguiente lanzamiento, el planeado para Rosetta, la misión nunca habría podido comenzar de nuevo: Rosetta no tenía un modelo de recambio. Por supuesto, el lanzamiento tuvo que ser pospuesto, hasta que Ariane 5 fue magníficamente reparado: Rosetta dejó la Tierra el 2 de marzo de 2004.

Sin embargo, con más de un año de retraso en el lanzamiento, el cometa objetivo ya no era accesible en condiciones que permitieran un encuentro sin problemas. Era necesario encontrar otro, cuya trayectoria lo permitiera. La elección recayó en el cometa periódico denominado P/67 en el catálogo y que lleva, como es tradición, el nombre de los astrónomos que lo descubrieron en 1967: los soviéticos (ahora ucraniano y tayika) Klim Churiúmov y Svetlana Guerasimenko, si bien el nombre oficial del cometa utiliza una trascripción internacional diferente a la habitual en castellano: Churyumov-Gerasimenko[2]. El nombre de P/67 ha sido a menudo reducido por los medios de comunicación a Churi, diminutivo de Churyumov, olvidando a la investigadora cuyo meticuloso trabajo fue esencial para su descubrimiento. Si se trataba de quedarse con un solo nombre, ¡bien podría haber sido Guera!

Se necesitaron diez años de viaje para que Rosetta llegara al cometa, situado a una distancia del Sol igual a cuatro veces la que separa la Tierra del Sol, o cuatro «unidades astronómicas» (au). Diez años durante los cuales Philae permaneció constantemente a la sombra de Rosetta, tal y como estaba previsto: cuanto más baja era la temperatura, menor era el riesgo de que

---

[2] Tanto Klim Ivánovich Churiúmov como Svetlana Ivánovna Guerasimenko eran científicos soviéticos nacidos en Ucrania pero de lengua rusa, y que adoptaron las nacionalidades ucraniana y tayika, respectivamente, tras la desmembración de la URSS. Sus nombres en ruso son: Клим Иванович Чурюмов y Светлана Ивановна Герасименко *[N. de la T.]*.

se descargasen sus baterías. Por tanto, Philae permaneció durante más de diez años a temperaturas exteriores muy bajas, por debajo de -100 °C. Sin embargo, aunque beneficioso para las baterías, permanecer a esta baja temperatura presentaba riesgos potencialmente importantes para otros sistemas: ¿en qué estado encontraríamos los mecanismos que sería necesario reactivar, como el sistema de eyección, o las patas, replegadas sobre sí mismas?

La sonda llegó a su cita de forma impecable, disminuyendo la velocidad hasta el punto de adquirir exactamente la velocidad de este cometa, con el fin de seguirlo en su viaje alrededor del Sol y analizarlo a medida que se acercara. La idea de comenzar esta aventura a grandes distancias heliocéntricas proviene del hecho de que, en ese punto, el cometa aún no ha desarrollado cabellera ni colas. El núcleo está desnudo y es directamente observable, ya que el Sol aún no ha podido calentarlo lo suficiente. Con la idea de analizar el material antes de cualquier modificación, se decidió que Philae aterrizaría a una distancia heliocéntrica de 3 au. Para este cometa, esto se correspondía con la fecha del 11 de noviembre de 2014. Dada la estrecha cooperación dentro del proyecto Philae, en el cual franceses, alemanes e italianos desempeñaron un papel de liderazgo conjunto, se decidió posponer la fecha para el día siguiente[3]...

El 14 de julio de 2014 Rosetta se había acercado lo suficiente al núcleo cometario como para descubrirnos su forma, totalmente insospechada, compuesta por dos lóbulos como pegados entre sí, cada uno de unos 2 kilómetros de ancho. Además, el núcleo tenía rotación rápida, con un periodo 12 horas, a lo largo de un eje que no pasaba por el centro de los lóbulos. ¿Seríamos capaces de aterrizar en un objeto así? A esto se sumaba que las imágenes de alta resolución mostraban una su-

---

[3] El 11 de noviembre de 1918 se firmó el Armisticio de Compiègne, que puso fin a la contienda entre los Aliados (Francia, Reino Unido y Rusia) y el Imperio alemán durante la Primera Guerra Mundial *[N. de la T.]*.

perficie cubierta de accidentes, a todas las escalas: bloques y pedregales, cavidades y relieves escarpados...

Fue necesario elegir un sitio para el aterrizaje de Philae, maximizando las posibilidades de evitar el fracaso. A lo largo del verano de 2014, los instrumentos instalados en el orbitador adquirieron información esencial, lo que requirió hacer cambios en el plan original. La ESA exigió que la eyección de Philae desde el orbitador no se produjera a la altitud inicialmente acordada de alrededor de 2 kilómetros, sino que, para limitar los riesgos que implicaba el lanzamiento para el propio orbitador, la eyección se hiciera... ¡a más de 20 kilómetros! Veinte kilómetros de caída libre totalmente pasiva, que llevaría más de seis horas, durante las cuales no podríamos actuar sobre la trayectoria de Philae: estaría completamente fijada sólo por los parámetros de su eyección. Un cambio muy pequeño en la dirección o en la amplitud de la velocidad tomada en ese momento y Philae pasaría de largo, perdiendo el núcleo cometario, ¡cuya baja masa no tenía ninguna capacidad de atracción! Y, sin embargo, la eyección se realizaría mediante la operación de tres tornillos sin fin que habían estado bloqueados a -100 °C durante más de diez años: ¿reaccionarían *exactamente* tal y como era necesario?

Podemos imaginar cómo se recibió la señal enviada por Philae cuando llegó a la superficie de P/67.

Tras el intercambio de abrazos, recibimos las primeras imágenes panorámicas del lugar de aterrizaje. Tratadas de manera inmediata, supusieron un duro golpe: no eran nítidas, sino que estaban movidas. Poco después de tocar la superficie, Philae estaba en movimiento. Había rebotado.

¿A qué velocidad? ¿La suficiente como para abandonar definitivamente el cometa? ¿O menor a la «velocidad de escape» (muy baja teniendo en cuenta la insignificante gravedad)? ¿Volvería Philae a la superficie para quedarse allí? E incluso en ese caso, ¿sería en un sitio y en una posición que permitiera a Philae comunicarse con Rosetta, el orbitador, a través de quien pasaría toda la información? Comenzó entonces una espera de más de doce horas, durante la cual construimos un nuevo programa de observación, que fue enviado a Rosetta con la esperanza de que fuera transmitido a Philae si las condiciones resultaban favorables...

A la noche, alimentada por grandes preocupaciones, le siguió un día de emociones encontradas. Muy temprano, *a través* de Rosetta (entonces a más de 500 millones de kilómetros de distancia), recibimos imágenes perfectamente nítidas, tomadas por Philae (véase la Figura 15, p. 141).

El programa de actividades, basado en la hipótesis optimista, se había desarrollado según lo previsto. Philae se había estabilizado correctamente en el núcleo cometario, había recibido la información que habíamos elaborado, desarrollando la secuencia de toma de imágenes, y nos las había enviado. Mostraron el entorno en el que se había detenido. En una de ellas, el suelo del cometa estaba parcialmente iluminado y nos permitía ver su estructura.

Son las imágenes del objeto más antiguo del Sistema Solar jamás fotografiado *in situ*, hasta escala microscópica.

Revelan una superficie hecha de un material extremadamente oscuro, que tan sólo contiene una pequeña cantidad de granos brillantes.

Philae, tal y como dedujimos tras reconstruir su trayectoria, había completado su larga caída libre de seis horas a sólo 120 metros del objetivo previsto y había rebotado una primera vez en un periplo que le llevó dos horas, con dos nuevos rebotes.

Este efecto «trampolín» (generado por un fallo en el sistema de anclaje, que hizo que Philae rebotara en una superficie extremadamente porosa y de muy baja densidad, en lugar de hundirse en ella) indica que el material constituyente del cometa se densifica bajo presión: esto podría haber tenido un papel importante cuando objetos similares penetraron en la atmósfera primordial de la Tierra. Esta «corteza» que se formaría al atravesar la atmósfera podría actuar como un escudo y permitir que los constituyentes orgánicos del núcleo llegaran, así preservados, a los océanos terrestres...

Finalmente, Philae se había detenido en una posición muy acrobática, en un hueco prácticamente privado de sol debido a los amplios relieves. ¡La muestra que se iba a analizar formaba parte del material primitivo mejor conservado que se estaba buscando!

Después de reconstruir la trayectoria «aérea» de más de un kilómetro seguida por Philae durante más de dos horas, incluyendo varios rebotes, se vio que, de haberse detenido a unos pocos metros, Philae se habría quedado en una zona sin contacto con Rosetta: no nos habría llegado ninguna señal. ¡Todavía no sabríamos si Philae había abandonado el cometa o si finalmente había podido aterrizar en él!

¡La contingencia jugó a nuestro favor! Se estableció contacto. Inmediatamente después de que Philae se estabilizara, se lanzó una secuencia automática de mediciones, destinada a realizarse con energía eléctrica de baterías, que no eran recargables, y que esperábamos que hubieran conservado su carga inicial: habían sido dimensionadas para garantizar sesenta horas de funcionamiento. ¡Ofrecieron sesenta y cinco! A continuación, debían tomar el relevo unas baterías solares: el largo viaje, plagado de violentos rebotes, y la configuración en la que Philae se había estabilizado, sin suficiente luz solar, hicieron dudar de la posibilidad de realizar esta segunda secuencia. Los inmensos esfuerzos no fueron suficientes: finalmente, este «periodo de operaciones ampliado» no pudo iniciarse, lo que nos privó de experimentos complementarios muy esperados.

A pesar de que las operaciones de Philae se limitaran a la primera secuencia de mediciones, los resultados adquiridos por Rosetta y Philae son reveladores; desafían la concepción predominante de lo que son los cometas y el papel que puede haber correspondido a los objetos de este tipo en la evolución del Sistema Solar, especialmente desde el punto de vista de la «emergencia» de la vida.

Observaciones anteriores, hechas principalmente con telescopios, condujeron a la visión de los cometas como objetos compuestos principalmente de hielo de agua que encerraban muchos otros constituyentes minoritarios, incluidas moléculas carbónicas. Es lo que Fred Wipple resumió cuando llamó a los cometas *dirty snowballs* o «bolas de nieve sucia». Los experimentos que se hicieron durante el sobrevuelo del cometa Halley, en marzo de 1986, revelaron una fase carbónica que hacía que el hielo fuera muy oscuro, aunque no fue posible evaluar ni su composición ni su abundancia en comparación con el hielo.

Rosetta y Philae, a través de sus observaciones, ofrecen una visión completamente diferente: este núcleo cometario está compuesto abrumadoramente no de hielo, sino de granos sólidos entre los que predominan los granos carbónicos con dimensiones de hasta varios milímetros. De hecho, forman la matriz.

Dentro de este material orgánico, complejo y refractario, quedan atrapados granos minerales, principalmente silicatos, y granos de hielo de agua y otras moléculas que son volátiles a temperaturas relativamente bajas, por lo que forman la cabellera al acercarse al Sol. Hemos llamado a tal estructura *organices:* la introducción de una «e» en la palabra *organics* («materia orgánica» en inglés) hace aparecer el hielo *(ices)* atrapado dentro de *los granos orgánicos.*

Rosetta y Philae han identificado docenas de constituyentes cometarios. En particular, se ha detectado una gran diversidad de compuestos orgánicos: numerosos hidrocarburos, aldehídos, alcoholes, compuestos de azufre y fósforo, así como un aminoácido, la glicina, que se sabe que es un componente importante de las proteínas y del mundo vivo terrestre. Uno de los llamados compuestos aromáticos, el tolueno, derivado del benceno, puede haber tenido un papel importante debido a su muy alta reactividad química.

Por otro lado, algunos experimentos críticos que habíamos preparado para caracterizar, a bordo de Philae, la estructura y composición de las fases de carbono más estables (matriz de los propios granos refractarios), no pudieron realizarse. Requerían extender la duración de los experimentos (y, por tanto, habría sido necesario recargar las baterías), con el fin de calentar las muestras a varios cientos de grados para extraer y analizar los constituyentes. Los sistemas e instrumentos estaban a bordo, probablemente cargados con muestras, gracias a los rebotes. En cuanto se hubieran cargado las baterías, se pondrían en marcha los experimentos. Pero esto no sucedió. Desde este punto de vista, ¡el cometa no fue muy cooperativo!

Toda misión espacial tiene su lado oscuro: no haber podido efectuar las mediciones que estaban planificadas, e incluso programadas, es probablemente el aspecto más frustrante de esta misión pionera. Otras misiones son y serán las responsables de perseguir los objetivos no alcanzados por Philae.

La primera por fechas es Hayabusa 2: esta misión japonesa, lanzada a finales de 2014, menos de un mes después de que Philae aterrizara, fue a Ryugu, un asteroide carbónico, muy oscuro (véase la Figura 16, p. 142, en la parte superior), y tomó muestras (véase la Figura 17, p. 143). La esperanza era que contuvieran compuestos del mismo origen, proceso de formación y composición, como los que descubrieron Rosetta y Philae. Regresaron a la Tierra el 6 de diciembre de 2020 y fueron trasladadas a una instalación ultra limpia, exclusiva para estas muestras e instalada en Sagamihara, cerca de Tokio. Allí fue donde, de inmediato, dio comienzo su caracterización preliminar. Como contribución para estos análisis, nuestro equipo desarrolló y entregó un instrumento específico, capaz de determinar la composición de estos granos hasta sus dimensiones microscópicas.

Los primeros resultados indicaron que Ryugu es de hecho un objeto muy primordial que había atrapado y conservado granos del disco protosolar exterior, ricos en compuestos de carbono, así como fases resultantes de la alteración por estos granos de minerales altamente refractarios que poblaron el sistema solar interior (véase la Figura 16, p. 142, en la parte inferior). La misión Hayabusa 2 sería, en cierto modo, una continuación de la misión Philae, al facilitar el retorno a la Tierra de muestras parcialmente similares a las de los núcleos cometarios. Teníamos en el laboratorio un material que nos permitiría reconstruir las propiedades de los granos que podían haber estado inmersos en los océanos terrestres más antiguos, para tratar así de identificar las especificidades de composición o de estructura que fueron críticas para orientar la evolución hacia lo «vivo». Estas muestras son aún más valiosas ya que, a diferencia de los meteoritos que han estado en contacto con la atmósfera terrestre (en diversos grados y en un momento u otro), estas nunca lo han estado: hasta su introducción en las instalaciones donde ahora se guardan, se han mantenido y conservado libres de cualquier contaminación terrestre y han podido forjar sus propiedades incluso en el disco protosolar. El objetivo ahora es identificar, dentro de este recipiente de contención donde se almacenan, los granos más ricos en complejos orgánicos capaces de entregar, mediante instrumentación específica, los mensajes cargados con la información más decisiva.

Más allá de la caracterización de un material extraterrestre de interés potencialmente importante, estos trabajos refuerzan la idea de que las clasificaciones, por importantes y efectivas que hayan sido y sigan siendo, implican sin embargo una globalización de propiedades por especies, o familias, que a veces merecen ser superadas, en el sentido de que enmascaran la extraordinaria diversidad inherente a cada una de ellas. Este es el caso de la estructuración habitual de los «cuerpos menores» del Sistema Solar en diferentes familias como cometas y asteroides. La mayoría de estos últimos pueblan un área, llamada «cinturón», a medio camino entre las órbitas de Marte y Júpiter, cuya parte exterior está dominada por objetos ricos en carbono, por lo tanto en granos de tipo «cometario».

Varios hechos observacionales han justificado distinguir los cometas de los asteroides, ya que estos últimos parecen estar más relacionados con los planetas rocosos internos del Sistema Solar y con la mayoría de los satélites planetarios. Sin embargo, estas distinciones tienden a difuminarse por el aumento espectacular de la cantidad y calidad de las caracterizaciones realizadas: argumentan, por la diversidad interna de cada «familia», una visión mucho menos binaria de la realidad. Gradualmente borran la representación clasificatoria en favor de la de un *continuo*, de objetos y propiedades, que las misiones y observaciones en curso están resaltando y caracterizando. Es el caso concreto de las fases carbónicas de estos objetos: el *continuo* de su composición cuestiona la relevancia de las clasificaciones por «familias».

Los granos carbónicos, en parte comunes (al menos en los núcleos cometarios y en los asteroides primordiales), pueden haber desempeñado un papel esencial, si no vital, en la evolución de la química orgánica de la Tierra.

Capítulo 10
Lo vivo: ¿un origen extraterrestre?

Aunque aún se requieren confirmaciones observacionales, los descubrimientos de Rosetta y Philae abren una perspectiva muy fructífera para renovar las preguntas relacionadas con el «origen» de la vida, sustituyéndolas por cuestiones relacionadas con los ingredientes que han marcado su evolución: estos descubrimientos sugieren que ciertas especificidades en la composición de los granos procedentes del Sistema Solar exterior, relacionadas con los contextos en los que se formaron y transformaron, podrían haber guiado el curso posterior de estos ingredientes, incluso antes de la fase terrestre. Las páginas escritas por estas misiones cometarias se integran así en la historia de la materia orgánica cósmica desde su formación, seguida de su evolución dentro de envolturas circunestelares y nubes interestelares, algo que las observaciones desde tierra (en particular, gracias a los radiotelescopios) han documentado en las últimas décadas.

El elemento carbono, elaborado dentro de las estrellas, se presta a una química abundante, en particular por su estructura electrónica. En presencia de hidrógeno, oxígeno u otros elementos, incluso a temperaturas muy bajas, se sintetizan multitud de compuestos de carbono. Uno de los entornos astrofísicos donde se observa esta química es en las nubes de materia interestelar. Cuando colapsan gradualmente debido a la gravedad, su densidad aumenta hasta el punto de que la luz no puede pasar a través de ellas: estas zonas se corresponden con las áreas oscuras que salpican la Vía Láctea, la Galaxia en la que nos encontramos. Lejos de ser regiones desprovistas de materia, contienen gas y granos en concentración suficiente como para impedir que podamos ver las estrellas que hay detrás de ellas. La densidad, aunque siga siendo extremadamente baja, basta para dar lugar a muchas reacciones químicas, especialmente en la superficie de los granos, donde átomos se unen en moléculas que regresan a la fase gaseosa: encontramos hidrógeno, principalmente en forma de dihidrógeno H_2, y carbono, como monóxido CO. También se han detectado decenas de compuestos más complejos, como el metanol y el etanol (alcohol etílico), entre los más simples y abundantes.

El colapso de tales nubes, que se acaban convirtiendo en discos giratorios, conduce a la formación de estrellas en su centro. Hacia el exterior, donde la temperatura es más baja, las colisiones llevan a la acumulación de planetas y otros objetos que constituyen el sistema planetario, tanto más fríos cuanto más lejos estén del centro. Bastante alejados, encontramos los compuestos más volátiles (particularmente agua) que se encuentran en forma de hielos estables: están presentes en objetos formados en el Sistema Solar exterior, de los cuales los cometas son vestigios y testigos.

Entre la fase inicial (cuando el medio atómico se vuelve molecular) y aquella en la que se hace posible el crecimiento de objetos protoplanetarios, ¡la densidad dentro de estas nubes aumenta en un factor de más de un millón! El número de colisiones entre gases y granos crece de forma proporcional, de modo que la química del carbono en la superficie de los granos da lugar a una inmensa variedad de compuestos, algunos de los cuales involucran cadenas o ciclos muy grandes. Esto explica por qué los constituyentes dominantes detectados en el núcleo del cometa P/67, el objetivo de Rosetta y Philae, eran «granos orgánicos» de dimensiones milimétricas, construidos alrededor de moléculas carbónicas.

El enfoque unificador nos llevaría a considerar que los procesos que marcaron la evolución de la nube protosolar son genéricos: inducirían evoluciones químicas, si no idénticas, al menos similares a las que caracterizan el colapso de cualquier nube interestelar, donde nacen estrellas y sistemas planetarios.

Con esto en mente, muchos miembros de la comunidad científica se han puesto a buscar, en el inventario de compuestos detectados por Rosetta en la cabellera del cometa P/67, aquellos observados en las nubes del medio interestelar.

Lo que Rosetta nos permite sugerir es que, por el contrario, durante la evolución de estas nubes se construyó gradualmente una gran diversidad molecular, especialmente en las fases tardías, cuando las altas concentraciones favorecieron una reactividad exacerbada. Esta diversidad no afectaría necesariamente al conjunto de constituyentes, sino que otorgaría a algunos de ellos, incluso minoritarios en número, propiedades que tendrían un papel esencial en las siguientes fases selectivas.

Los granos orgánicos del Sistema Solar primordial integrarían así una mezcla de propiedades, genéricas y contingentes, por la presencia de moléculas y constituyentes, que llevarían, de manera complementaria, a una química ampliamente difundida en el universo y a reacciones altamente específicas.

El objetivo prioritario de futuras misiones será su identificación y caracterización con el fin de evaluar hasta qué punto pueden ser críticos estos compuestos desde el punto de vista de la evolución.

La química de las primeras fases del colapso de las nubes proviene de colisiones entre átomos, iones, moléculas y granos, en presencia de partículas de radiación cósmica galáctica. Esta química evoluciona considerablemente cuando el aumento de la densidad central permite que aparezca, primero, una protoestrella y, luego, una estrella: el entorno circundante se modifica profundamente, en especial por la emisión de radiación y partículas de esta estrella, que irradia los granos, el hielo y los compuestos moleculares presentes en el disco. La química se vincula entonces íntimamente con la dinámica específica de cada colapso, por las colisiones inducidas, la radiación emitida y las disipaciones de energía alcanzadas. Muchos factores contingentes pueden intervenir en el proceso por el que las reacciones químicas que caracterizarán las fases más densas de la evolución de nubes y discos se van haciendo más complejas.

Ahora, numerosos trabajos se dedican a descifrar esta química fuera del equilibrio, que es muy difícil de simular, tanto mediante modelos como mediante experimentos específicos.

* * *

Tenemos un ejemplo en el enigma de la *quiralidad* de algunos de los compuestos sintetizados. Las moléculas complejas de carbono tienen radicales funcionales característicos: alcohol, ácido, amina... Su lugar en la molécula les da una forma geométrica que, salvo en casos muy raros, no presenta simetría: a pesar de que contienen exactamente el mismo número de cada átomo, una molécula y su imagen en un espejo no son superponibles, como la mano derecha y la mano izquierda. Se dice que son quirales, precisamente en referencia a la palabra «mano» en griego antiguo, χείρ («jeír»), y se ha conservado el etiquetado de la forma izquierda (forma L, para levógira, «que gira a la izquierda») o derecha (forma D, para dextrógira, «que gira a la derecha»), llamadas enantiómeros. Se corresponden con la disposición espacial de radicales funcionales alrededor de los átomos de carbono, en una representación estandarizada. Esto también refleja una propiedad óptica de estas dos formas quirales: la de girar el plano de polarización de una luz polarizada, respectivamente a la izquierda o a la derecha, como observó Pasteur ya en 1848.

Las propiedades biológicas de las moléculas quirales opuestas son a menudo muy diferentes. Pueden dar lugar a olores o sabores distintos, o permitir que los anticuerpos bloqueen antígenos particulares. Sus formas a escala molecular son reconocibles en los organismos vivos. Pueden inducir principios activos que aparecen sólo en una de las formas, beneficiosos o tóxicos, a veces antibióticos. Sin embargo, cuando las moléculas que pueden ser quirales se sintetizan en el laboratorio, sin promover una simetría particular, como es el caso de los experimentos de Miller-Urey presentados anteriormente, se produce una mezcla llamada racémica, que contiene tanto de una de las formas (L) como de la otra (D).

Por otro lado, en el mundo viviente, sólo se da una de las dos formas: diecinueve de los aminoácidos que entran en la síntesis de proteínas son L mientras que el vigésimo, la glicina, no es quiral; y los azúcares son D. Estamos hablando de *homoquiralidad.* ¿Constituye esto, en esta forma singular, una propiedad necesaria para la evolución de la vida, o es un resultado de la misma? ¿Cómo se produjo?

¿Podrían los seres vivos haber evolucionado, a partir de un conjunto perfectamente racémico de moléculas biológicas, hacia la homoquiralidad, o eran necesario para ello que existiera algún excedente de enantiómeros concretos? Quizá nos encontremos ante una situación parecida a la protagonizada por la materia y la antimateria en el universo. En ese caso, la aniquilación nos obligó a encontrar la razón de nuestra propia existencia, imposible si hubieran estado presentes cantidades estrictamente idénticas de materia y antimateria. Somos los descendientes de un exceso muy ligero de materia sobre la antimateria, que sobrevivió a la aniquilación colectiva.

Podríamos concebir que, para lo vivo, fuera necesario asumir la existencia, en un cierto momento «primordial» de la evolución, de un excedente, incluso muy leve, de una forma específica sobre la otra: la secuencia de reacciones que siguió habría amplificado este excedente, hasta el punto de hacer que esta forma fuera la única presente al final. La cuestión de la homoquiralidad pasaría entonces a ser la de los mecanismos capaces de inducir excedentes, no aleatorios, sino orientados hacia una forma particular para ciertas moléculas, como aminoácidos o azúcares, entonces presentes en todo el mundo vivo.

Experimentos recientes, realizados por nuestro colega Louis d'Hendecourt y su equipo, han demostrado este importante resultado: cuando iluminamos aminoácidos con radiación ultravioleta polarizada circularmente, izquierda o derecha, obtenemos, entre estos mismos aminoácidos, excesos de la misma quiralidad, izquierda o derecha. Además, aunque todavía es necesaria una confirmación, esta misma radiación parece inducir excesos opuestos (polaridad derecha o izquierda) en los azúcares irradiados, ¡lo que se corresponde exactamente con lo que ocurre en lo vivo! ¿Podría el Sol, en sus fases iniciales, o las estrellas circundantes, haber sido la fuente de radiación que imprimiera excesos quirales en los granos carbónicos del disco protosolar? Louis d'Hendecourt sugiere una respuesta positiva, derivada de las observaciones de algunos discos protoestelares, que muestran una polarización circular de la luz emitida. Estas son las llamadas nebulosas de «reflexión», iluminadas por estrellas masivas cercanas. El Sol podría haberse formado dentro de una estructura multiestelar de este tipo, como demuestra la detección, en algunos meteoritos, de elementos radiogénicos procedentes de estrellas que en su momento estarían cerca.

* * *

Así, los granos ricos en hielos y compuestos carbónicos del interior del disco protosolar habrían adquirido una estructura y composición al menos parcialmente singulares, contingentes, por estar vinculadas, primero, a las diferentes etapas de la evolución específica de la nube interestelar original (dentro de nuestra Galaxia) y, finalmente, a las irradiaciones debidas a un Sol en formación, que pudieron inducir en particular excesos quirales específicos. Estos granos, mantenidos a grandes distancias heliocéntricas por la evolución del disco solar primordial, vieron sus propiedades preservadas por las bajísimas temperaturas de su entorno: constituyeron un depósito disponible para su posterior inyección en el disco interior, donde algunos habrían tenido un papel importante, inmersos en los lagos u océanos terrestres primordiales. Los excesos quirales observados en algunos meteoritos, y que van en la dirección de los compuestos homoquirales de la vida, apoyan esta hipótesis.

Esta materia «inerte», en la medida en que no responde a los «principios vitales» comúnmente invocados para caracterizar lo vivo, se habría presentado con particularidades que guiaron las siguientes etapas de sus transformaciones.

Estas peculiaridades no sólo se encuentran al nivel de las moléculas orgánicas presentes en los granos antes de que entraran en la atmósfera terrestre. Al atravesarla también pueden haber sufrido cambios que más tarde habrían resultado críticos. Por ejemplo, los análisis en curso de muestras traídas del asteroide Ryugu por la misión Hayabusa 2, indican que la superficie de este objeto, trabajada por numerosos impactos de micrometeoritos y por partículas procedentes de un Sol en formación, contiene granos minerales compuestos por pequeñas cavidades, similares a vesículas. Cuando tales granos extraterrestres se sumergieron en los océanos terrestres, estas estructuras, espacios microscópicos confinados, podrían haber sido esenciales para albergar reacciones químicas, al tiempo que podrían haber protegido los compuestos sintetizados y haber evitado una disolución acuosa que habría resultado letal.

Capítulo 11
¿Tiene la vida principios?

¿En qué etapa de la evolución química habría sucedido la «emergencia» de las propiedades que caracterizan a los seres vivos? ¿Cómo se habrían diferenciado las evoluciones de lo inerte y lo vivo para hacer que este último emergiera del primero? ¿Cuáles serían estos «principios vitales», de los que carecería lo inerte, que calificarían esta emergencia?

En general, en el mundo vivo distinguimos entre especies autótrofas y heterótrofas. Las primeras, que incluyen todas las plantas que contienen clorofila, sintetizan la materia orgánica necesaria para su funcionamiento a partir de las llamadas moléculas «minerales», es decir, no orgánicas, como el dióxido de carbono (CO_2) y el agua. Principalmente, utilizan la luz como fuente de energía, de ahí el nombre de fotosíntesis para las reacciones inducidas. Los heterótrofos, incluidos los animales, necesitan extraer sustancias orgánicas del entorno externo para lograr las síntesis que necesitan sus metabolismos: de ellas se alimentan y de ellas obtienen la energía requerida.

En ambos casos, las especies vivas, desde bacterias hasta grandes organismos, no pueden considerarse sistemas aislados: se «alimentan» del mundo exterior a ellos. En cierto modo, comparten el hecho de ser fundamentalmente depredadores, si aceptamos extender este término (en principio reservado para presas vivas), tanto al mundo vegetal como animal (vivo o no) o, incluso, a moléculas simples, tanto orgánicas como minerales, que extraen del ambiente externo lo que necesitan para que tengan lugar las reacciones. ¿De dónde viene entonces el hecho de que les atribuyamos tan alegremente un criterio de autonomía de desarrollo que les sería específico?

Autonomía y entorno

Como cualquier otro sistema, la vida no puede considerarse aislada, como algo que opere de forma autónoma, a pesar de que la mayor parte de su actividad primaria se concentra dentro de «islotes», células «aisladas» mediante membranas. Su maquinaria está adaptada con precisión para garantizar el suministro de energía necesario para el metabolismo y para la catálisis de reacciones: el aporte proviene del exterior, y requiere que el resto de membranas cuente con propiedades muy particulares, ¡incluida la de no aislarse de todo!

¿Qué es la muerte sino el cese de esta ingesta, que provoca, a su vez, el del metabolismo? ¿No es esto lo que diferencia un organismo vivo del mismo organismo una vez muerto, mientras todos sus complejos moleculares todavía están en su lugar, pero no obtienen suministro?

Esta controversia sobre la autonomía como característica propia de lo vivo afecta incluso a la comunidad biológica, por ejemplo, cuando se trata de calificar a los virus: ¿están vivos o no? Ni metabolizan ni se replican por sí solos, ya que para ello parasitan organismos huéspedes. ¿Contradice esto la definición de lo vivo? Varios debates similares han marcado la historia reciente, por ejemplo, sobre los priones, esas proteínas patógenas responsables de varias enfermedades en humanos (como la enfermedad de Creutzfeldt-Jakob) y en animales (tembladera de la oveja, encefalopatía espongiforme bovina, etcétera).

En la calificación de lo vivo, un árbol, por ejemplo, no puede concebirse, en sus estructuras y evolución, aislado de su entorno: luz y atmósfera, por un lado, suelo por el otro, cada uno con sus fuertes especificidades. El acceso a la radiación, el contenido de humedad, los minerales dominantes y los elementos «nutritivos», por ejemplo, han generado una adaptación de sistemas y órganos, desde las hojas hasta las raíces. El árbol adquiere su estatus de «vivo» sólo dentro de este sistema contextual, ambiental e integrado que define la «especie» particular de la que es miembro.

Ya sea energética o entrópicamente, la biosfera, en todas sus escalas, existe sólo en interacción con el mundo exterior, desde el entorno cercano hasta el Sol: sólo en conjunto constituyen un sistema «cuasiaislado», dentro del cual las leyes físicas, las de la termodinámica en particular, se aplican perfectamente.

Hoy en día, la biología reconoce que un sistema vivo no puede considerarse aislado. A esta noción de autonomía se le otorga el significado de «automantenimiento», que refleja el hecho de mantener su actividad de *forma autónoma* mediante la transformación de energía e ingredientes tomados del entorno externo. ¿Tendríamos bajo esta forma una función específica de lo vivo, un principio vital que respondería a una especificidad de autonomía de la que estaría desprovisto lo inerte?

Individuos, población

En cuanto consideramos que los procesos caracterizan la evolución de la vida, se hace necesario distinguir lo que opera a una escala que podría llamarse elemental (es decir, a nivel molecular o celular, microscópico o microbiano, o incluso a nivel de individuos) en oposición a lo que concierne a los organismos congregados en poblaciones, que evolucionan a través de su descendencia.

A menudo se confunden estos dos niveles, y esa es una de las principales fuentes de dificultades relacionadas con la elaboración de una definición aceptada de mundo vivo: con frecuencia se confunde esta definición con el enunciado de las características de su evolución, que difieren a *priori* según la escala que tengamos en consideración.

Darwin se interesó por las poblaciones y por la evolución hereditaria y, por tanto, la teoría darviniana se centra en las especies (a pesar de las controversias que suscita la definición científica de «especie» incluso hoy en día, en cierta medida). Todo esto, mucho antes de que se descubrieran los principios elementales que entran en funcionamiento.

¿Es necesario recordarlo? La biología molecular, iniciada en la década de 1930, simplemente no existía cuando Darwin desarrolló su trabajo, casi un siglo antes del descubrimiento del papel y la estructura del ADN, de la genética misma, de la propia esencia de un código basado en propiedades moleculares, capaz de ser leído y traducido a través de reacciones replicativas que conllevan errores que están en el origen de la selección «natural» que él propuso, y que opera a nivel de especie.

Para algunos miembros de la comunidad científica, como Pierre-Henri Gouyon[1], la vida se define como el producto de la selección natural. Sin embargo, esta selección natural no se ve como un elemento separado de los mecanismos elementales que la hacen posible e integra los dos niveles en lo que podría describirse como un *continuo*. Para estos investigadores, un ser vivo es una estructura material que contiene una molécula portadora de un mensaje codificado, que puede ser leído, copiado y decodificado, por sí mismo y sus descendientes. Contiene la información capaz de inducir, mediante esta decodificación, la producción de sus herederos. A lo largo de generaciones, la selección natural opera, orientada por el contexto, creando funciones y órganos que se adaptan mejor a ella.

Esta integración de los dos niveles hasta el de las poblaciones en el proceso global de selección natural hace más difícil identificar los principios que le serían exclusivos y el nivel en el que se originan. En particular, cuestionan las especificidades moleculares y las contingencias contextuales que han permitido dar forma, a través de la síntesis de tantas moléculas específicas, a cada una de las etapas de este proceso global: el desarrollo de un código (es decir, una estructura molecular aperiódica, en este caso la molécula de ADN, capaz de ser identificada, «leída», luego «replicada», sin que se trate de

---

[1] J.-L. Dessalles, C. Gaucherel y P.-H. Gouyon, *Le Fil de la vie. Le face immatérielle du vivant,* París, Odile Jacob, 2016.

una simple copia o una polimerización «idéntica»); la multiplicación molecular que debe hacer que aparezcan errores, origen de las «variedades» teorizadas por Darwin; y, finalmente, el proceso debe incluir una traducción de estas estructuras codificadas en funcionalidades, transmitidas a través de las generaciones. Remontándonos atrás en el proceso, las diferencias inducidas por la existencia de las variedades favorecerán el dominio de las formas resultantes mejor adaptadas al contexto, junto con los descendientes dentro de estas poblaciones: en general, entendemos que la «selección natural» opera a este nivel.

Tanto es así que a veces reconocemos principios vitales que compartirían determinadas especies, como el instinto de supervivencia tan invocado, y que sólo haría referencia a mamíferos y aves, ¡una fracción muy pequeña del mundo vivo! La teoría darwiniana se sostiene por sí misma. Si algunos de los seres vivos parecen animados por los mismos «instintos», no es como resultado de un propósito de evolución, que estaría enfocado a proporcionárselo, sino que es el resultado de la selección natural. Los individuos con las armas más efectivas para resistir las depredaciones son, *de facto,* favorecidos junto con su descendencia, y serán quienes dominen a gran escala. Por lo tanto, detectamos este mismo comportamiento natural en especies de apariencias muy distintas.

A un nivel más general, ¿cómo se propaga *a través* de la herencia, desde el nivel más elemental, esta «selección natural» que parece observarse a nivel de población? Cabría preguntarse dónde se manifiesta el papel principal de las contingencias desde el nivel molecular y a lo largo de las etapas de la constitución de un código, si es en los mecanismos de lectura, en los de replicación o en los de traducción en funciones finales.

Quizá sea posible identificar una etapa particular, muy por encima del nivel de las propias especies, que se convierta en el principio rector de la evolución por ser aquella en la que la selección natural refleje el dominio de una forma elemental por su mejor adaptación al contexto.

Lo inerte también opera por códigos y contingencias

Ya sea a nivel de poblaciones o a nivel de etapas moleculares elementales, el hecho de ofrecer un papel central a las contingencias (la piedra angular de la selección natural) se enfrenta a una nueva realidad. Considerada durante mucho tiempo específica del mundo vivo, este forzamiento de la evolución bajo el efecto de parámetros vinculados al contexto (a veces bajo el disfraz del azar), está demostrando ser un actor importante en la evolución de muchos sistemas «inertes» que se transforman orientados por restricciones del mismo tipo: contextuales.

Se ha observado que la formación y evolución de los planetas, en sus propiedades físicas y su composición, implica factores contingentes: entre muchos otros, son factores esenciales la proporción de elementos (principales, minoritarios y trazas) estables o radiactivos, así como el medio ambiente y, especialmente, como hemos visto para migraciones y colisiones, el contexto dinámico. Lo mismo ocurre con las atmósferas y las nubes planetarias, gobernadas por las propiedades de los gérmenes de nucleación alrededor de los cuales se condensa el vapor, y que dan forma a la gran diversidad de estructuras nubosas.

Para comprender la diversidad no sólo de planetas, sino también de sistemas planetarios, es necesario tener en cuenta múltiples factores contingentes. Se superponen al determinismo de las leyes físicas y dan paso a la jurisdicción de los códigos.

A escala elemental, el crecimiento de cristales en un recinto está condicionado, en gran medida, por la estructura de las paredes. Para los sólidos en general, a nivel microscópico, los defectos puntuales y las dislocaciones son esenciales para determinar las propiedades mecánicas, eléctricas o incluso ópticas de los cristales sintetizados y, más en general, de los sólidos formados. En cierto modo, son los equivalentes inertes de los defectos del sistema de codificación durante la replicación en el mundo viviente.

Los errores permiten que la contingencia frustre el determinismo que aporta el código. Lo que es cierto para el código genético lo es, de hecho, para cualquier código (incluido el informático, por supuesto), pero va mucho más allá: ¿no podemos encontrar, por ejemplo, analogía con la estructura electrónica de átomos y moléculas, que dirige las reacciones en las que participan?

La autocatálisis, la autorreplicación (a veces concebidas no como un atributo, sino como propias de la evolución biológica, al igual que los defectos y las mutaciones), a menudo son llamadas como testigos, o incluso como pruebas de la singularidad de la vida. Sin embargo, el mundo inerte que nos rodea está repleto de ejemplos donde las divisiones en sistemas similares, la autorregulación y el papel del contexto están presentes y ejercen como motor tan pronto como se definen los contornos dentro de los cuales opera la evolución. Las «reacciones en cadena» nucleares no son menos «autogeneradas». El colapso gravitatorio de las nubes protoestelares tiene lugar bajo su único control: se conoce como «autogravedad». Algunos de los principios desarrollados para el mundo vivo, como el de la autonomía, no son exclusivos del mismo.

Tanto en términos del grado de autonomía como de la importancia de los factores contextuales, las supuestas especificidades de la vida están desapareciendo: muchos de los llamados sistemas inertes exhiben patrones de transformación similares.

También es el caso de una propiedad que, sin embargo, es ampliamente reconocida como específica de lo vivo: siempre permanecería fuera del «equilibrio termodinámico» con su entorno, mientras que lo inerte tendería al equilibrio por esencia. Hay que tener en cuenta que un sistema fuera del equilibrio necesita, para mantener su actividad, estar abierto con el fin de intercambiar, o incluso tomar, materia o energía de su entorno. ¡No puede ser autónomo! Lo que Ilya Prigogine define como «sistema disipativo» no se limita de ninguna manera al mundo vivo: muchos sistemas no vivos, desde convectores de calentamiento hasta ciclones, son igualmente disipativos.

Por lo tanto, no parece legítimo que sea necesario buscar, en esta propiedad de autonomía, lo que opone lo inerte a lo vivo. Entonces, ¿dónde encontrarlo? ¿En la capacidad de evolucionar?

En efecto, para muchos biólogos y biólogas, la noción de evolución no tendría sentido, no sólo para el mundo vivo, sino incluso sólo a nivel de poblaciones: a escalas elementales, las modificaciones, transformaciones, o incluso la multiplicación o replicación, no justificarían esta denominación, ya sea un sistema integrado en la cadena de la vida o *a fortiori* inerte.

Sin embargo, en todas sus escalas, espacial y temporal, en todas sus formas y propiedades, el universo ha sido extraído de la fijeza: denominar evolución a todas estas transformaciones, en el sentido propuesto como principio fundador del mundo vivo desde el siglo XIX, parece perfectamente justificado, ya que también refleja una ruptura esencial.

Es lamentable que esta ruptura, establecida en la biología de una manera pionera tan temprana, no provocara rápidamente cuestionamientos fundamentales en otras disciplinas, especialmente en astrofísica. Llevó casi un siglo que el cosmos, a su vez, fuera percibido en evolución, primero dinámica y luego química. ¡Una verdadera revolución!

Ahora, no sólo la evolución se extiende a todo el universo, sino que la diversidad se convierte en el paradigma que caracteriza a los objetos cósmicos, cuyo origen se basa en el papel dominante de las contingencias a lo largo de su evolución.

Tantas son las características antes reservadas sólo para lo vivo. ¿Cómo se resiste la separación conceptual entre lo vivo y lo inerte a la adopción de principios (al menos en apariencia) similares? ¿Pueden los mismos términos traducir conceptos lo suficientemente distintos como para mantener una separación estanca entre vivo e inerte, legitimando así su existencia? Por el contrario, ¿podemos identificar que lo que ha llevado a aislar o incluso a oponer estos dos mundos es la falta de datos experimentales (algo que hoy comienza a subsanarse)?

Un aspecto podría distinguir lo inerte y lo vivo: no el hecho de evolucionar sino, al menos en parte, el de las escalas de tiempo, las duraciones de los procesos involucrados; o, quizá, incluso la «experiencia» que tenemos de estos fenómenos.

La historia de una piedra, por interesante que sea porque nos permite explicar la evolución de la Tierra a lo largo del tiempo geológico, es estable en la escala de nuestra propia vida: su evolución no es visible para nosotros, ni controla, ni parece controlar, la de ninguna otra especie. ¡Incluso aunque promuevan la proliferación de musgos vegetales! Sin embargo, todos experimentamos constantemente el nacimiento, la actividad biológica y la transición de la vida a la muerte. Todos reaccionamos al desfile de estaciones que acompañan los cambios en la naturaleza. La llegada de la primavera no se experimenta en primera instancia como un fenómeno astronómico (el paso de la Tierra por un punto particular de su viaje anual alrededor del Sol, llamado el punto «vernal» o equinoccio de primavera, ese momento en que la noche y el día tienen exactamente la misma duración). Se asocia con el renacimiento del mundo vegetal, que el invierno ha socavado. La actividad de los órganos funcionales de los individuos se manifiesta de forma aún más cercana: frecuencia cardíaca, respiración, procesos y efectos de la digestión... todos operan en escalas de horas, minutos y, a veces, menos. Están presentes y se perciben como una evolución con su propio ritmo. Así ocurre también con la «reproducción», a la que se asocia este factor esencial: el de revelar necesariamente anomalías que construyen variedades que permiten que opere la selección natural y que florezca la diversidad.

Esta experiencia, a lo largo de nuestras vidas, sirve de referencia para nuestra visión de la actividad biológica en todas sus variantes, vegetal o animal.

Las brevísimas constantes de tiempo de las reacciones que jalonan ciertas actividades biológicas las hacen tangibles, en contraste con las más esenciales del mundo inanimado, que parece estacionario, estable, ¡eterno!

Esta diferencia entre lo inerte y lo vivo, de esencia temporal, nos empuja a ignorar los cambios del mundo inerte, ya que se extienden a lo largo de periodos demasiado largos para ser percibidos. La evolución se concibe entonces como una especificidad del mundo viviente, hasta el punto de hacer que las características de su evolución se conviertan en las definiciones de la vida misma.

Por supuesto, la evolución de las especies, teorizada por Darwin, generalmente opera durante largos periodos, pero se compone de una sucesión de transformaciones extremadamente breves, a escalas elementales, a veces observables a nivel de individuos. Cada etapa de floración o «reproducción» conlleva a la par el mantenimiento de propiedades muy similares y la manifestación de desviaciones producidas en las etapas de replicación. Con cada floración, las «mismas» flores nacen de un rosal, lo cual no deja lugar a dudas sobre su naturaleza como «rosa», pero ninguna es estrictamente igual a otra, ni de un año a otro. Cada primavera se reproducen «las mismas» amapolas o espigas de trigo, que no dejan dudas sobre su esencia, mientras que ninguna es estrictamente igual a otra, ni de un año a otro. Esto es cierto para toda la reproducción, incluidos los humanos. Incluso si las diferencias son evidentes, su facultad adaptativa, clave para la selección natural, generalmente no se traduce de forma inmediata, excepto en el caso de extinciones o, al contrario, en el caso de rápidas propagaciones invasivas. ¡Los virus ofrecen un ejemplo de mutaciones cuyo efecto se manifiesta a corto plazo!

A la inversa, hay muchos fenómenos del mundo inerte, a veces violentos, que se manifiestan en una escala temporal corta en relación con la vida humana, como las mareas, las erupciones volcánicas, los terremotos... Esto a menudo se traduce con la idea de que la Tierra «está viva», por un abuso del lenguaje cotidiano. Lo mismo ocurre con las estrellas, cuando nos gusta decir que, una vez que su combustible nuclear se agota, «muere» como tal.

La extensión semántica de una transformación funcional en una transición a la muerte constituye una trivialización del concepto de vivir que no contribuye a aclarar lo que el «vivir biológico», por así decirlo, tiene de específico: ¡proponer que lo inerte también puede estar vivo tiende a negar la relevancia de cada uno de los dos estados! Sin embargo, y más allá de su carácter de oxímoron, esta generalización cuestiona fundamentalmente el lado estructural de la oposición hecha entre lo inerte y lo vivo, en un modo binario que nos resulta fácil.

Ahora se acepta la idea de que el mundo inerte, en una gama muy amplia de escalas de tiempo, evoluciona, hasta el punto de que se le dan connotaciones vivas. Entonces, como último bastión, ¿qué distingue su evolución de la evolución de lo vivo?, ¿quizá el hecho de que no actúe por replicación y reproducción?

Con lo vivo desposeído de su exclusividad, la de evolucionar, ¿podría relacionarse su singularidad (que le permite diferenciarse de lo no vivo) con la forma en que opera la evolución, *a través de* esta función replicativa a la que la genética ha ofrecido una base científica, hasta el nivel molecular?

Si se validan las metamorfosis de lo vivo (por acumulaciones de cambios elementales en cada generación que resultan en una selección natural estudiada a nivel poblacional) y se actualiza su origen (en la codificación molecular), ¿no habríamos captado el factor que discrimina lo inerte de lo vivo?

Especialmente porque la multiplicación, explicada por el papel de los catalizadores químicos específicos a nivel de replicación, se combina con otra propiedad, igual de diagnóstica en apariencia: la extraordinaria diversidad del mundo vivo, que cada día se revela aún más espectacular, con capacidad para «maravillarnos», en apoyo de una biodiversidad profundamente amenazada: ¿podemos imaginar que la reproducción no sea específica del mundo vivo?

En la propia biología, la reproducción opera bajo múltiples formas. La sexual concierne sólo a una fracción muy pequeña del mundo vivo. Para los microorganismos procariotas como bacterias y arqueas, genéticamente distintos, la reproducción se efectúa por simple división: cada individuo se divide en dos. La sucesión de estas divisiones resulta en una multiplicación, a nivel de especies y no de individuos.

Mirándolo a la luz de la astrofísica, se han descubierto ciclos para objetos inertes. Las estrellas son el resultado de la concentración de materia interestelar. A lo largo de su funcionamiento, pasando por los «vientos» que expulsan, y llegando a su fin en el caso de las que explotan en forma de «supernovas», las estrellas alimentan de vuelta el medio interestelar. La materia dispersa se integra en nuevas nubes que darán «nacimiento» a nuevas estrellas, rodeadas de nuevos sistemas planetarios que propagarán un legado a nivel de funciones esenciales: las estrellas descendientes operarán respetando las leyes de la nucleosíntesis, en una aparente autonomía, que no podrá evitar dar lugar a la transmisión, al «final de la vida», de los ingredientes necesarios para las nuevas generaciones. Los sistemas planetarios albergarán secuencias de transformaciones químicas, fuente de una inmensa diversidad de individuos que constituyen planetas y otros objetos formados por acreción.

La actividad de las estrellas modifica parcialmente el contenido del material expulsado al añadir nuevos núcleos sintetizados a partir del hidrógeno: aumenta la concentración de núcleos pesados, incluyendo carbono, oxígeno y otros que contribuirán a una nueva evolución orgánica. Algunos de los elementos radiactivos reinyectados, como el uranio, el torio y el potasio, tendrán un papel importante en los objetos que se formarán a partir de las nubes de nueva generación.

El reciente concepto de «polvo de estrellas», que se aplica a los humanos en particular, fue esencial para traducir el origen de los elementos constitutivos de toda la materia, inerte y viva, y para ofrecer una historia cósmica al ser humano. Sin embargo, sólo implica el pasado y rara vez se asocia con el futuro, cuando los elementos, al morir, vuelven a nuevas asociaciones y participan así en un ciclo inacabado a través de un *continuo* de transformaciones.

Nos encontramos, por tanto, ante lo que parece ser un ciclo que interviene a todas las escalas cósmicas. Quizá no sea exagerado encontrar similitudes con la existencia y lectura de un código (en este caso formado por estructuras nucleares que responden a las leyes de la interacción fuerte). La traducción de ese código conduce a sintetizar y «reproducir» funciones (estelares, planetarias) que, al mismo tiempo, ofrecen una extraordinaria diversidad de formas posibles, y todo esto sucede a lo largo de una descendencia que va forjando poblaciones adaptadas al contexto galáctico (el cual también se halla en proceso de evolución). La descendencia hereda propiedades características, tales como el contenido de elementos clave, impulsores de funciones específicas.

Obviamente, tales similitudes de principios con la replicación del mundo viviente no barren las fuertes características de este último. Sin embargo, desplazan el terreno que hay que explorar para calificar lo vivo y establecer sus especificidades.

Tal vez una característica esencial sea el tiempo requerido para la manifestación de las etapas reproductivas. En contraste con las escalas de tiempo de la mayoría de los ciclos cósmicos, ciertos procesos biológicos (no sólo de replicación sino, a veces, incluso de reproducción) operan en una evolución lo suficientemente rápida como para ser perceptibles para el ser humano. Este hecho hizo posible asentar y luego validar las hipótesis de la selección natural darviniana.

La química del carbono es capaz de una reactividad extremadamente rápida bajo una amplia variedad de condiciones ambientales de presión y temperatura. Los compuestos involucrados en los organismos vivos participan en una síntesis de moléculas complejas, las enzimas, con un poderoso poder catalítico, lo que permite romper y «reproducir» moléculas a una velocidad muy alta, y luego traducir las funcionalidades. La replicación genética es una primera consecuencia, que abre, a nivel poblacional, una fuerte particularidad de lo vivo. Ningún otro proceso de «reproducción» en el espacio ocurre a una velocidad tan rápida. ¿Acaso lo específico de lo vivo no sería tanto la multiplicación en todas sus formas como el ritmo?

La búsqueda de principios que califiquen a lo vivo se enfrenta, por lo tanto, cada vez más, con las observaciones combinadas de los mundos vivo e inerte. Casi todos estos «principios» (incluidas las funciones de autonomía generalmente enfatizadas, el papel desempeñado por la contingencia y los aspectos disipativos) pueden no ser exclusivos del mundo viviente.

Y, sin embargo, la diversidad de árboles, flores, plantas y animales, seres vivos al nivel más general, ofrece una riqueza fabulosa que el mundo «inerte» pugna por igualar. ¡Deben estar dotados de una propiedad común, que los calificaría como vivos!

Hay un principio, estructurante y exclusivo, anclado en la selección darviniana, que permitiría distinguir lo vivo de lo no vivo: la reproducción biológica incluiría la transmisión de funcionalidades, resultantes de la *traducción* de la información contenida en el código, a través de órganos específicos. Fundamentaría una herencia que no se identifica fácilmente en sistemas inertes. Una estrella, un planeta, realmente participa en la formación de otras estrellas, de otros planetas, sin que todas sus propiedades específicas se transmitan a sus descendientes. La herencia se centra en ingredientes que por sí solos no garantizan la posibilidad de forjar las mismas funciones.

La que parece ser la principal, quizá la única singularidad de lo vivo, lo «propio» de lo vivo, estaría en esta herencia de los caracteres seleccionados.

Al igual que con lo vivo, la evolución cósmica recurre a códigos, que constituyen las «leyes» físicas. Por otro lado, los organismos vivos se caracterizan por una capacidad adicional, específica y, al parecer, exclusiva a la vez que extraordinariamente elaborada: la decodificación y traducción del código en funcionalidades.

¿Cuál sería entonces la posible naturaleza de tal propiedad que permitiría que las estructuras estuvieran dotadas de ella para ser calificadas como vivas, con otras formas, en otros lugares? Cuantos más descubrimientos biológicos se acumulan, más se afirma cuán críticas, complejas y específicas son algunas de las moléculas implicadas en la secuencia de procesos responsables de esta herencia funcional. Los ribosomas son un ejemplo: su papel es esencial para garantizar la lectura y la traducción funcional del código en proteínas específicas. Sin embargo, se trata de ensamblajes sorprendentemente complejos y singulares de moléculas particulares. Las condiciones de su síntesis limitan de forma considerable la probabilidad de que lo mismo ocurra en cualquier otro contexto.

Las secuencias que van desde la replicación (con errores, aunque manteniendo un corpus de similitudes) hasta la transmisión y traducción de información genética en funciones transmitidas seleccionadas ¿podrían darse en complejos moleculares y contextos evolutivos distintos, o reflejan una extraordinaria singularidad de la selección darviniana que sucede en la Tierra?

Capítulo 12
La evolución: un *continuum* de transiciones contingentes

La dependencia de las condiciones y el contexto terrestres se refleja y mide de forma más clara a través de la supuesta transición entre lo inerte y lo vivo. ¿Cuándo y cómo habrían *emergido* las propiedades que calificarían la aparición de «estructuras vivas»? ¿Podemos definir un *origen* de la vida, y tendría un significado universal?

¡Acabar con los orígenes!

Un primer escollo, fácil de eludir, consiste en buscar un origen a la vida en forma de un lugar o un momento preciso, como el «origen» de las escalas de medida, el espacio o el tiempo, las distancias, así como las edades, las duraciones. En resumen, ¡localizarlo y datarlo!

La búsqueda, o incluso la afirmación de un origen de la vida, no está desligada de la investigación, que prevaleció hasta hace poco, sobre el origen del ser humano. La creación bíblica del hombre ofreció una base sólida para el concepto de origen de la especie humana datado, incluso instantáneo. Cuando se formuló, la teoría de Darwin entró en un terreno que no estaba en absoluto vacío: estaba poblado en gran medida por proposiciones, incluso explicaciones esencialmente de naturaleza dogmática, a las que el trabajo científico de Darwin se oponía frontalmente. ¡Es comprensible que hubiera fuerzas que, hasta hoy, hayan luchado contra ella!

En los países donde se reconoce y enseña la evolución darviniana, se acepta que la interacción de mutaciones y adaptaciones selectivas, en respuesta a cambios en el entorno, da una visión por transiciones sucesivas de la evolución de todas las especies vivas. El papel de las variaciones climáticas en África oriental en la evolución de los homínidos es un ejemplo perfecto. Se trata de un proceso que excluye cualquier diseño, que se extiende a lo largo de millones, luego decenas de miles de años, dentro de una familia de mamíferos que se diversifica de acuerdo con los nichos ecológicos donde ocurrieron y se seleccionaron estas mutaciones. Otros cambios climáticos o geológicos habrían orientado la evolución de la vida de manera diferente. Definir un origen pierde inmediatamente significado. De hecho, esta misma dificultad aparece esencialmente en las áreas para las que tratamos de definir un origen, lo cual cuestiona la esencia misma y la relevancia del concepto de origen.

Es cierto que el hecho de que no conozcamos las condiciones que permitieron el «surgimiento» de propiedades propuestas como caracterizadoras de la vida no permite excluir que surja de tal proceso: muchas proposiciones todavía están unidas a ella, dejando un espacio de posible acuerdo incluso con una visión de tipo creacionista.

La acumulación de observaciones nos hace preferir otra lectura del concepto de origen para ver no una fuente localizada en el espacio y el tiempo, sino el conjunto de procesos que han construido un camino particular de evolución (a riesgo de tener que remontarnos mucho más allá de lo que legitima el propio concepto de origen).

Este camino surge cuando los átomos de carbono se unen, en entornos circunestelares y luego dentro de nubes interestelares, a otros elementos para sintetizar complejos moleculares pertenecientes a la química «orgánica», hasta tomar la forma de los «granos orgánicos». Estos granos, detectados en los objetos del Sistema Solar exterior, cuentan con propiedades que llevan la firma de los entornos que los forjaron. Algunos de ellos estuvieron, quizá hace más de 4 000 millones de años, sumergidos en cuerpos de agua terrestres, lagos, si no océanos. Dado el material muy específico contenido en estos granos orgánicos, y las propiedades no menos específicas del agua en ese momento, las reacciones químicas podrían haber permitido, al menos localmente, que se sintetizaran barreras no completamente selladas, como membranas, que limitarían la dilución que se habría opuesto a la progresión de las reacciones químicas y a la estabilidad de los productos de reacción: así es como un agua cargada con ingredientes singulares y compuestos orgánicos podría haberse insertado en microcosmos reactivos confinados.

¿Cuánto tiempo fue necesario (días, o tal vez decenas o incluso cientos de millones de años, mucho más quizá) para que, dentro de estas vesículas, por reacciones químicas aún no completamente dilucidadas, moléculas muy particulares y grandes, como el ARN y luego el ADN, se formaran o desarrollaran (acompañadas de otras, dotadas con funciones de catálisis muy robustas)? Estas habrían dado lugar a las primeras células, una palabra genérica que generalmente describe vesículas con facultad de replicación inducida por la pareja ARN/ADN, asociadas a enzimas y ribosomas (catalizadores/traductores/sintetizadores esenciales y, a su vez, extremadamente específicos).

Debido a la falta de restos identificables, queda un gran vacío en nuestro conocimiento debidamente validado de lo que fueron estos primeros «seres», «ancestros» de la vida, probablemente unicelulares y procariotas por carecer de núcleo. Ahí podría haberse desarrollado una gran diversidad de especies y formas, al parecer principalmente acuáticas: para mantenerse, las estructuras moleculares deben protegerse contra la radiación ultravioleta del sol. Demasiada energía. Al contrario que la antigua atmósfera de la Tierra, el agua es un filtro muy eficaz. Fueron las propias especies vivas las que mucho más tarde modificaron la atmósfera de la Tierra y le proporcionaron, en particular, este papel protector.

Durante los primeros cientos de millones de años, tal vez mucho más, estos primeros «seres» probablemente poblaron cuerpos de agua, océanos o estanques continentales, mientras se modificaban de acuerdo con los cambios de sus propiedades, así como con los del entorno terrestre ¡pero sin dejar rastros detectados hasta la fecha! De estas variedades, que quizá fueron muy diversas y numerosas, sólo conocemos aquellas que finalmente dominaron. ¿Estaban ya en funcionamiento los mecanismos de la selección natural, incluso antes de que los constituyentes (incluido el ADN que es el objeto de la misma actualmente) hubieran sido sintetizados?

El término bacteria se utiliza con frecuencia para describir este antiguo mundo procariota, pero no podemos describir la diversidad que cubre ni la similitud con las bacterias presentes en la actualidad.

¿Cuánto tiempo tardó este mundo esencialmente marino en dar lugar a las tres ramas de la vida que dibujamos hoy, correspondientes a bacterias, arqueas y eucariotas, confinado el material genético de estas últimas al núcleo de las células?

El mundo de las bacterias no tiene la exclusividad de la ausencia de vestigios, que oscurece franjas enteras de la evolución: durante varios millones de años (hasta que la familia neandertal se manifestó –hace unos cientos de miles de años como máximo– y mucho más recientemente lo hizo la del *Homo sapiens*), ¿cuáles fueron los homínidos?

Las bacterias siguen siendo hoy el componente «vivo» más numeroso, pero dentro de una inmensa biodiversidad. Su mecanismo de reproducción, de hecho por división celular, puede ser extremadamente rápido: en algunos casos tienen lugar hasta varias divisiones por hora, ¡lo que lleva a varios miles de millones por día! Incluso con una tasa de mutación excesivamente baja, menos de una por millón, es comprensible que hayan podido florecer las mutaciones que ofrecen una ventaja en un contexto dado. Entre ellas es donde se han desarrollado especies autótrofas, incluidas las «cianobacterias», que asimilan dióxido de carbono para sintetizar materia orgánica y extraer la energía necesaria para su metabolismo: estas reacciones, que utilizan la luz solar y el agua, liberan, como principal residuo, dioxígeno O_2, que ha poblado gradualmente la atmósfera terrestre, hasta constituir el 20% de sus especies químicas moleculares.

A unos pocos kilómetros de altitud, una pequeña fracción de este O_2 se disocia en dos átomos de oxígeno, O, bajo el efecto de la radiación solar ultravioleta (UV) de alta energía: estos átomos de oxígeno liberados, muy reactivos, se unen a las moléculas presentes, principalmente N_2 y O_2, en forma de óxidos de nitrógeno y ozono, O_3, una de cuyas propiedades es absorber fuertemente la radiación UV. Por lo tanto, la mayor parte está bloqueada en esta capa atmosférica de altitud bastante grande, la «estratosfera», y protege así la capa inferior de la radiación más energética (violenta destructora de moléculas). Esto permitió que muchas especies pudieran salir del agua, que antes servía como un efectivo filtro: la vida invadió los continentes.

¿Cómo tuvo lugar la evolución hacia tales bacterias, responsables del desarrollo de decenas de millones de especies presentes en los continentes de la Tierra, incluida la nuestra? ¿A qué contingencias debemos nuestra existencia?

¿Cómo aparecieron las llamadas células eucariotas (denominadas así por estar dotadas de un núcleo)? La mayoría de quienes investigan en este campo sugieren que proceden de una evolución de «bacterias» y arqueas de esos tiempos antiguos: por simbiosis, su «convivencia» tomó la forma de fagocitosis, por la cual unas bacterias engloban a otras, que, finalmente, se convertirían en núcleos en su interior. Estas células de un nuevo tipo son los ancestros tanto del mundo procariota microbiano unicelular como de los eucariotas multicelulares que son los animales y las plantas. La aparición de estos últimos es mucho más reciente, de hace unos 700 y 400 millones de años, respectivamente. ¡La «naturaleza» tal y como la conocemos es relativamente reciente!

Esta secuencia de evolución, de más de 4 000 millones de años, ha visto una sucesión de episodios en los que nuestro conocimiento, todavía muy limitado, necesita agrupar las especies que parecen dominarlo en clases que se supone que son bastante homogéneas por sus propiedades: moléculas y granos orgánicos, vesículas y células, bacterias y eucariotas, animales y luego plantas y hongos... familias que coexisten, a veces incluso hasta nuestros días. Esta clasificación cambia constantemente, de acuerdo con los descubrimientos realizados. Estos revelan un grado creciente de diversidad, hasta el punto de cuestionar la validez misma de tales clasificaciones en cuanto a su carácter permanente.

Así, tal y como sugieren la astrofísica y la evolución del mundo vivo, se trataría de integrar en la evolución *hacia* lo vivo aquello que conduce a la diversidad de mundos planetarios y a la biodiversidad: un *continuo de* etapas, sin «origen» identificable, esculpido por las contingencias como protagonistas principales, que conducen a una diversidad de caminos evolutivos.

La evolución de la materia orgánica, en el sentido más general, sería el resultado de tales transformaciones progresivas, cada una abierta a un gran número de posibilidades. Cada situación encontrada imprimiría una secuencia particular, construida en secciones orientadas por el contexto, cambiante en sí mismo.

No sería necesario ni posible identificar, a lo largo de esta secuencia, una etapa particular, específica, de la emergencia de la vida a partir de lo inerte.

Si representamos lo vivo como un producto de la selección natural, en sus procesos fundacionales, ¿cómo podemos definir su origen? Si, por ejemplo, aceptamos que la función replicativa está vinculada a la existencia de moléculas de ADN, podríamos «fechar» el origen de la vida en la Tierra en el momento de la síntesis de la primera cadena de ADN codificada, ¡lo que podría convertirlo en un evento relativamente reciente! Aparte del hecho de que esto relega a un papel secundario el de moléculas críticas (como catalizadores y traductores, que son estos complejos de ARN y proteínas que forman ribosomas) y nos tropezamos con la secuencia de procesos, contingentes en sí mismos, que han llevado a la síntesis de esta primera cadena de ADN: ¿acaso su estructura no se construyó (incluso antes de que se sintetizara) por la interacción de múltiples reacciones químicas que tuvieron lugar en la Tierra?

En cuanto a la criticidad del papel central de los ribosomas, lejos de caracterizarse históricamente, es proporcional a la extraordinaria complejidad de las reacciones que han favorecido su síntesis.

En este *continuo* de bifurcaciones a lo largo de la evolución, sin una dirección determinada, cada una ha desempeñado un papel en la orientación de la evolución global: ¿por qué deberíamos favorecer a ninguna de ellas? Especialmente porque tanto para lo inerte como para lo vivo, el papel principal de estas contingencias se encuentra en la importancia del orden (¡aunque sea aleatorio!) en el que ocurren: ¡cualquier modificación lo cambiaría todo!

Esta propuesta de una secuencia de transformaciones hacia lo vivo, sumergiéndose en las profundidades de la evolución cósmica, se uniría a la esencia misma de los procesos evolutivos, tal y como fueron analizados por el filósofo François Jullien[1]. Para él, nuestra forma de pensar, heredada de la filosofía griega, en «formas determinadas», identidades definidas, hacia objetivos explícitos, nos impediría pensar en las transiciones a las que el pensamiento chino es, sin embargo, sensible.

> Mientras que logos es «definición» [...], es decir, establece los límites entre géneros y propiedades [...], la transición es por excelencia lo que nos impide decir hasta dónde llega una propiedad o calidad. Priva a ambos de su relevancia y los absorbe [...].

La afirmación de que hay un estado inerte y un estado vivo, como dos entidades globalizadas distintas, es parte de un binario del cual el «ser o no ser» de Shakespeare es un ejemplo. Aceptar como realidad sólo polos contrarios conduce, por ejemplo, a oponer lo «normal» a lo «anormal» con toda la desviación social que esto genera.

---

[1] F. Jullien, *Les Transformations silencieuses*. Chantiers I, Grasset [ed. cast.: *Las transformaciones silenciosas,* Barcelona, Bellaterra, 2010]. París, 2009.

Finalmente, esta binariedad requiere que pensemos en el paso de un estado a otro sólo por emergencia, y no a través de un *continuo* de transiciones, ya que hasta ahora no todas han sido descifradas y son, por tanto, invisibles y, usando el término de F. Jullien, «silenciosas».

Por otro lado, tan pronto como aceptamos que el vivir no es un estado que responda a principios totalizadores, exclusivos y fijos, sino que procede de transformaciones sucesivas, ya no será posible ni necesario definir un origen, por metamorfosis a partir de un estado globalizado en sí mismo como diferente. Entonces se abre el camino a la investigación y caracterización de los múltiples factores cuyo entrelazamiento ha construido, a lo largo de las edades cósmicas, la extraordinaria singularidad de su camino evolutivo.

Capítulo 13
Lo vivo: ¡una combinación única de contingencias!

Esta lectura de la evolución hacia lo vivo (por un *continuo* de transiciones que implican un papel primordial para las contingencias) parece estar en oposición frontal con la lectura comúnmente aceptada, que sin embargo admite la existencia de un principio de evolución, a veces al amparo de la «ley física»: la materia cósmica habría pasado de un estado «inicial», donde dominaban las partículas elementales, a establecer estructuras extremadamente complejas, con lo cual lo vivo sería una etapa superior de este proceso. Tal representación, que da sentido a la evolución, toma prestada de las leyes físicas la existencia de un determinismo: ¿cómo puede lo vivo conciliar este sentido de la evolución con la influencia de contingencias, de esencia impredecible?

Esta visión de lo vivo como algo integrado en un proceso de complejidad creciente lo convertiría en una etapa estructural de la evolución cósmica (adoptando diversas formas de acuerdo con las situaciones surgidas en el espacio), siendo el ser vivo terrestre tan sólo una de entre ellas. La vida «tal y como la conocemos» en la Tierra no sería necesariamente la única forma posible de vida. Sería, en todo caso, la única a la que tenemos acceso hoy en día... hasta que se identifiquen otras formas de vida en otro lugar. Disciplinas enteras, agrupadas dentro de la «exobiología» o «astrobiología», se fijaron el objetivo de diseñarlas, incluso detectarlas y caracterizarlas.

El colapso de las nubes interestelares, de dimensiones y densidades que satisfacen criterios reconocidos, conduce a la formación de estrellas y planetas. Es un proceso global, genérico en sí mismo: la formación de planetas puede, por lo tanto, considerarse determinista. Sin embargo, se traduce en una extraordinaria diversidad de cada uno de ellos, forjada por la secuencia de acontecimientos que, en su forma específica, presidieron su particular formación y evolución. En otras palabras, si la formación de planetas es de orden determinista, la formación de un planeta en particular no lo es. Así, un planeta tiene tanto un aspecto genérico (una etapa en la evolución de la materia interestelar) como un aspecto singular (en las características particulares que cada uno de ellos integra y refleja).

¿Podemos trasladar este esquema a la evolución hacia lo vivo? ¿Posee la vida también un doble aspecto de generalidad cósmica y singularidad terrestre? Esta pregunta no es pura semántica: se trata de reconocer o no la posibilidad de que lo vivo, en la Tierra, responda a «principios» definibles y exclusivos, que puedan haber surgido en otro lugar, en respuesta a caminos evolutivos completamente diferentes pero conservando las propiedades de lo vivo.

O, por el contrario, ¿está lo vivo, en la Tierra, solo en el universo?

Cuanto más accedemos, a través de un enfoque científico, a la caracterización de los procesos que han marcado la evolución de la vida terrestre, más se consolida su extraordinaria especificidad y más ilusorio parece el empeño de convertirlos en principios genéricos, extraídos del marco singular en el que tomaron forma.

De hecho, hay una realidad genérica en la evolución del universo: la de la materia carbónica que resulta en una diversidad insondable de formas culminadas. Lo vivo constituiría una de ellas, perfectamente singular, fraguada por esta evolución en las condiciones particulares del medio terrestre junto con sus propias transformaciones.

La química orgánica cósmica se presta a una evolución que da lugar a una inmensa potencialidad de formas distintas, de acuerdo con las especificidades de las situaciones, desde las nubes que se convierten en protoestelares hasta los entornos planetarios. La vida sería una de estas formas, que habría respondido a condiciones muy particulares dadas desde el colapso de la nube protosolar hasta la inmersión y evolución en condiciones *terrestres*.

La evolución específica hacia lo vivo reflejaría así los procesos que operan dentro del mundo vivo, con un papel importante ofrecido al contexto para dar forma a las evoluciones singulares. La diversidad en las características de los organismos vivos, donde cada forma tiene una secuencia específica de evolución, podría transponerse, si nos remontamos en el tiempo, a la evolución de la materia orgánica. La vida sería sólo una de entre las formas evolutivas resultantes, si bien una muy particular.

Por tanto, estaría íntimamente ligada a la evolución específica de la Tierra.

La habitabilidad de la Tierra

Esta evolución singular está plagada de etapas orientadas por condiciones contextuales, que incluyen: las propiedades de algunos de los granos orgánicos de la nube protosolar, trabajadas por la propia evolución de la nube; las de las masas de agua terrestre en las que fueron sumergidos, cargadas de sus propios ingredientes; las reacciones que permitieron sintetizar, alrededor del material surgido de granos orgánicos, membranas específicas, aislando cavidades de reacción, transformándose constantemente con el tiempo; una secuencia de reacciones que integraron el medio interno a estas vesículas, a su entorno, líquido y gaseoso, neutro e ionizado; la síntesis de moléculas aperiódicas que ofrecieron la construcción de un código que pudo, por otras moléculas complejas, ser leído, replicado, decodificado, traducido y finalizado en funciones, transmisibles por descendencia; hacer que estas vesículas evolucionaran hacia lo que define las células como unidades básicas de vida. Luego, a lo largo de muchas otras transformaciones, igual de contingentes, hacia las células con núcleo, y finalmente hacia la «naturaleza» que nos rodea.

Cada una de estas etapas es extremadamente singular, forzada por todo el entorno contextual ofrecido a estas estructuras, a lo largo de los miles de millones de años de transformaciones propias. Este forzamiento es íntimamente interactivo: el propio entorno responde a la evolución de la vida. Esto lo refleja perfectamente la noción de coevolución. Como hemos visto, gracias a las bacterias, la concentración atmosférica de oxígeno O_2 aumentó de manera espectacular a lo largo de los primeros mil millones de años hasta alcanzar los valores mantenidos hasta ahora, lo que favoreció la invasión continental del mundo vivo. Más cerca del presente, la actividad antropogénica es responsable de la disminución local («el agujero») del ozono atmosférico y, sobre todo, del aumento fulgurante de la concentración de un gas de efecto invernadero, el CO_2.

Las trayectorias evolutivas, debido a que no responden a ningún propósito, son el resultado de una multitud de eventos cuya identificación sigue sin conocerse en lo esencial.

La exploración espacial del Sistema Solar y la caracterización de varios miles de exoplanetas nos han permitido avanzar significativamente en la comprensión de lo que está en el origen de la diversidad planetaria. Pero aún no podemos, de la misma manera, marcar lo bastante, mediante observaciones, las etapas del viaje cósmico desde la química orgánica hasta lo vivo en la Tierra.

Aprovechando el «determinismo a largo plazo» que da sentido a la evolución, comienzan a acumularse los argumentos a favor del papel decisivo del contexto en la evolución hacia lo vivo. Son similares a los que han dado a la Tierra estas propiedades únicas que destaca ahora la planetología comparada.

Muchos procesos, cada uno de forma particular, incluyendo la migración planetaria y los impactos, han dado forma a la evolución de los planetas telúricos. La turbulencia en el disco permitió el aporte de agua, durante las propias fases de acreción, *a través* de granos ricos en hielo procedentes de las regiones exteriores. Transportada a la superficie de la Tierra, tras los impactos gigantes, una fracción de esta agua se estabilizó en forma de extensiones convertidas en perennes por las condiciones atmosféricas, resultantes, a su vez, de estos eventos. Estos últimos han marcado profundamente las propiedades de las aguas, como su temperatura, su acidez o su contenido de cationes metálicos y catalizadores, algunos de los cuales, muy raros, fueron esenciales, por su especificidad, para favorecer las reacciones metabólicas iniciales. En este entorno singular, la inmersión de granos carbónicos con propiedades forjadas dentro del disco protosolar, condujo a reacciones químicas particulares: por etapas, las estructuras moleculares que constituyen el mundo vivo contemporáneo tomaron forma. La inmersión se convirtió en multiplicación.

Ese es el sentido con el que podemos calificar como *habitables* las propiedades de la Tierra de entonces: no simplemente porque permitieron albergar las condiciones de estabilidad del agua en estado líquido, sino del agua con la adición de ingredientes particulares, aún no caracterizados como un todo, dirigiendo una evolución molecular fundamentalmente singular: la de «hacia lo vivo». Otras propiedades de esta agua, otros ingredientes, probablemente habrían llevado a una evolución química diferente, con la síntesis de otros compuestos moleculares distintos a los revelados como críticos en la construcción de la cadena de reacciones que define la «selección natural» que opera en la Tierra.

Para la propia Tierra, su habitabilidad no podría reducirse a la estabilidad del agua en estado líquido.

La habitabilidad de la Tierra caracteriza todo lo que ha hecho de su agua primitiva una disolución muy particular: ha orientado, para estos granos carbónicos de composición específica, una secuencia de reacciones que conducen hacia las moléculas y hacia el proceso de lo «vivo», en su propia dinámica. Podemos imaginar que la primera de las reacciones fue la que permitió polimerizar algunos de los constituyentes carbónicos de los granos sumergidos para formar membranas, que los protegían de la afluencia masiva de agua al tiempo que permitían que tuvieran lugar reacciones específicas. ¡Y no en millones de años, sino tal vez en unas pocas horas! El agua tiene en común con la radiación ultravioleta que un poco es suficiente para iniciar un ciclo de reacciones, pero demasiada no impide que el factor destructivo y letal tome el control (empezando por la dilución, que disminuye la probabilidad de encontrar compuestos potencialmente reactivos). El agua disuelve o incluso destruye, de manera eficaz, muchos compuestos orgánicos. Otras propiedades de estas membranas (que no sólo confinan y concentran la materia, sino que también crean gradientes de concentración) pueden haber promovido cadenas de reacción química particulares, necesarias, por ejemplo, en el suministro de ingredientes para mantener el metabolismo.

¿Cuáles fueron esas propiedades que calificaban a la Tierra antigua como habitable, en el sentido de haber favorecido cadenas de reacciones hacia lo que se ha convertido en lo vivo? ¿Son habitables hoy los lagos, mares y océanos de la Tierra? La Tierra recibe cada año varios miles de toneladas de granos procedentes de cometas y asteroides que se dispersan en el hielo, la tierra y, especialmente, en el mar: ¿cuántos de entre ellos dan lugar a las primeras etapas de lo que, hace más de 4 000 millones de años, se convirtió en vida? Tal vez la Tierra haya experimentado estas condiciones sólo una vez: en ese momento. Si la Tierra, durante su historia, hubiera sufrido un fenómeno de extinción global, la vida, tal y como la conocemos, nunca se habría restablecido. La vida parece no haber desaparecido nunca. Nunca se ha extinguido de forma global. Nunca ha «muerto». Los individuos sí nacen y mueren. Pero al hacerlo aseguran que permanezca el mensaje inicial, transformado, codificado, singular, transmitido de forma hereditaria.

Las condiciones de habitabilidad de la Tierra primordial formaban parte de un contexto muy diferente al que prevalece hoy en día: se estima en particular que el Sol «calentaba» un 30% menos. Sin embargo, las propiedades de la atmósfera de la Tierra en ese momento permitieron la existencia de océanos líquidos estables. Si estas condiciones hubieran permanecido como estaban, cuando el Sol evolucionó produciendo un calentamiento más fuerte ¡los océanos se habrían evaporado! Y al revés, si las condiciones terrestres actuales ya hubieran estado operativas en los primeros tiempos, el vapor de agua atmosférico nunca podría haberse condensado en lluvias y océanos estables y la Tierra podría haber seguido una evolución similar a la de Venus...

No es sólo que la Tierra fuera habitable entonces, sino que lo sigue siendo hoy pese a que las condiciones externas han cambiado profundamente. Por tanto, se han mantenido propiedades «favorables», lo que ha requerido que cambien de acuerdo con las modificaciones del contexto. La habitabilidad de la Tierra es un conjunto de propiedades que han evolucionado profundamente.

¿Refleja esto la existencia de mecanismos estabilizadores, puestos en marcha «de forma natural»? Hay quienes los proponen (o al menos los buscan) mediante un enfoque que favorece soluciones «unificadoras», genéricas, que tendrían valor (sin hacer referencia a un contexto particular) «en otro lugar» distinto a la Tierra.

Los ejemplos que nos ofrecen los demás planetas y otros objetos del Sistema Solar nos hacen preferir otra visión para dar cuenta de la diversidad de sus caminos evolutivos. Venus, cuya presión atmosférica es casi 100 veces mayor que la de la Tierra, está dotado de un efecto invernadero atmosférico por el cual mantiene una temperatura superficial de más de 450 °C, que impide por completo la existencia de cuerpos de agua líquida en la superficie; en Marte, por otro lado, la presión, más de 100 veces menor que la de la Tierra, es insuficiente para permitir que el agua permanezca líquida: fuera de los polos, Marte es un desierto anhidro. El contexto y el entorno, en constante modificación, lenta o violenta (por ejemplo, tras el impacto de un bólido masivo), han dado forma a las propiedades de la Tierra.

A la «hipótesis Gaia», que hace de la Tierra un vasto todo autorregulado que ha favorecido el surgimiento y mantenimiento de la vida, oponemos la importancia decisiva de las contribuciones contingentes, sin diseño ni objetivo. Una secuencia de eventos ha guiado gradualmente una evolución química particular de las fases orgánicas, basada en un conjunto de compuestos moleculares y poniendo en movimiento una maquinaria «compleja» y muy específica, caracterizada a su vez por una selección, vinculada al contexto, de las formas mejor adaptadas. Esto favorece a una de entre ellas, cuya traducción a nivel de funciones ofrece una ventaja, lo que asegura su mantenimiento en el tiempo, o incluso el dominio, ¡traducido a selección «natural»! Su pilar, la adaptación a un contexto cambiante, implica la existencia de una variedad suficientemente amplia de posibilidades, ofrecidas por los errores inherentes al proceso de replicación. De hecho, se trata de adaptarse al contexto, no a «leyes» de la evolución (como podría ser la de garantizar una complejidad creciente).

Esta evolución darviniana toma el relevo de la evolución hacia lo vivo, que podría resultar parte de un proceso similar, ya que se compone de una variedad muy amplia de caminos posibles orientados por múltiples contingencias.

Cronológicamente, primero son aquellas que han proporcionado sus propiedades a los granos orgánicos exógenos, incluso antes de que llegaran a los lagos primordiales u océanos terrestres. Luego, vinieron aquellas que esculpieron la Tierra misma y la dotaron de estos cuerpos de agua cuyas propiedades reflejan la historia única de la Tierra primordial.

La investigación contemporánea intenta perfeccionar la identificación de cada una de estas contingencias. Al hacerlo, busca definir cuál era la habitabilidad de la Tierra, definida como aquello que permitió la evolución hacia la vida que conocemos.

Entonces, ¿esto legitima invocar y buscar la habitabilidad de los exoplanetas, a medida que sentimos cómo aumenta la exigencia programática? Es una historia totalmente distinta...

Bifurcaciones y singularidad

Las misiones espaciales actualmente en desarrollo, combinadas con experimentos de laboratorio, deberían permitirnos caracterizar los granos orgánicos de objetos primitivos del Sistema Solar, cometas y asteroides, y ofrecer una primera respuesta: podrían contribuir a descifrar y caracterizar las propiedades que llevaron a la selección de los constituyentes moleculares de la vida.

¿Fueron críticas estas propiedades? En otros contextos ambientales, otras cadenas de reacciones han tenido y están teniendo lugar, y dan como resultado otros productos, tanto moleculares como macroscópicos. ¿En qué medida, un disolvente distinto del agua, elementos distintos del carbono (a menudo se menciona el silicio), un conjunto diferente de «ladrillos» iniciales (por ejemplo, bases nitrogenadas o azúcares) conducirían a estructuras similares a los ácidos nucleicos de tipo ARN, precursores potenciales del ADN, y permitirían la determinación de un código, que puede leerse, replicarse y traducirse por la síntesis de catalizadores y otras moléculas, lo que aseguraría, al ritmo de la «vida terrestre», esta función vital de los ribosomas y, finalmente, una selección darviniana? ¿Serían posibles los principios catalíticos sobre los que opera la selección natural, independientemente de la estructura precisa y específica de estos catalizadores?

Las misiones espaciales marcianas plantean estas preguntas. Desde que se demostró que, en su pasado remoto, Marte albergó condiciones atmosféricas que permitirían que el agua líquida fuera perenne en la superficie durante largos periodos, la idea de que podrían haberse desarrollado formas de vida ha invadido de nuevo el espacio público: Marte podría haber sido habitable... ¡o incluso habitado! Especialmente porque estas demostraciones provienen del descubrimiento de arcillas en suelos muy antiguos: se sabe que estos minerales son el resultado de una degradación acuosa y tienen propiedades que promueven el desarrollo y la preservación de compuestos de carbono. Podrían haber sido críticos para dirigir, en la Tierra, la evolución «hacia lo vivo». Además del agua y las arcillas, los antiguos lagos marcianos, ahora secos, pueden haber contenido ingredientes similares a los que hicieron posible iniciar esa secuencia de reacciones en la Tierra. Y probablemente Marte se vio afectado, como la Tierra, por una afluencia de granos orgánicos exógenos procedentes de cometas o asteroides.

Esto es lo que podemos extraer de la búsqueda de vida en Marte, objetivo asignado a misiones recientes, especialmente la Mars 2020 de la NASA y, en el futuro, ExoMars, de la ESA y Roscosmos[1], y la Mars Sample Return, un proyecto internacional para devolver a la Tierra muestras recolectadas en Marte. Estas misiones efectuarán experimentos in situ, así como análisis de laboratorio de las muestras recuperadas. Incluso si no permitieran identificar «biofirmas», es decir, estructuras o propiedades que pudieran atribuirse a «formas de vida primitivas», el mero descubrimiento de productos de la evolución de compuestos orgánicos exógenos, y la identificación de las condiciones que los habrían favorecido, constituiría un paso verdaderamente fundamental en la comprensión de los mecanismos que han marcado el desarrollo hacia lo vivo... ¡en la Tierra!

La hipótesis en la que ponen la esperanza los propios impulsores de estas misiones sería que los resultados de las mediciones indicaran que condiciones en Marte y en la Tierra ciertamente similares, y sin embargo esencialmente diferentes, han permitido evoluciones hacia compuestos que cumplen con los mismos «principios». Entonces sería legítimo ligar la vida terrestre con otras formas de evolución de la materia orgánica en el espacio. Este sería un notable tributo a la pluralidad de los mundos epicúreos, traídos de vuelta a la palestra por Giordano Bruno. Tal visión haría de la evolución de la que venimos una referencia, cuyas características tendrían valor universal. La vida terrestre respondería entonces a reglas que podrían erigirse en principios genéricos, de los cuales sólo la forma,

---

[1] La participación de Roscosmos (la agencia espacial de Rusia) en la misión ExoMars, se canceló en julio de 2022 debido a la invasión rusa de Ucrania. A finales de ese mismo año, la ESA alcanzó un acuerdo con la NASA para seguir adelante con el proyecto. Se prevé su lanzamiento para 2028 [N de la T.].

terrestre, sería singular. A día de hoy, esta visión está profundamente arraigada en el pensamiento occidental.

Por el contrario, podría deducirse de estos experimentos que la evolución de la materia orgánica, tanto en Marte como en cualquier entorno que no sea la Tierra, se habría alejado del camino que conduce a lo que hizo posible la evolución darviniana. Esta parece basarse en la existencia tanto de moléculas dotadas de un código como de un conjunto de otras moléculas capaces de traducirlas en funciones transmisibles que permitan operar una selección. Son muchas las particularidades implicadas (que actualmente se están descifrando a nivel de los constituyentes moleculares involucrados) y aún no se ha identificado de forma precisa cuáles son las reacciones específicas, interactivas con su entorno, que permitieron su síntesis.

La probabilidad de que las encontremos, juntas, en un contexto completamente diferente, parece incompatible con lo que ahora entendemos sobre el papel de las contingencias en la evolución de toda la materia cósmica.

La química del carbono en el espacio, operando en un *continuo* de bifurcaciones, adopta una gran diversidad de formas. Esta extraordinaria variedad de posibilidades en cada etapa de este largo camino de reacciones es la fuente de una diversidad abrumadora de mundos orgánicos, en los que cada uno es único.

Por lo tanto, habría una multiplicidad no de «formas de vida» en otros *lugares* (por ejemplo, partiendo de otros ingredientes, en otros entornos), sino de «formas de evolución de la química orgánica». La vida constituiría una de estas formas, y constituiría tan sólo una de ellas: la que se adaptó continuamente al contexto evolutivo de la Tierra en la que se desarrolló. La «vida terrestre» no sería una forma particular de la vida, a la espera de descubrir otras formas en otros lugares. Nuestra incapacidad actual de haberla detectado no sería lo que calificaría la vida terrestre como única. La «vida terrestre» constituiría un pleonasmo en tanto en cuanto el sentido de lo vivo sería, en esencia, terrestre. Expresaría la extraordinaria singularidad del camino de la evolución de la química que condujo a lo vivo ¡en la Tierra!

¿Habitabilidad exoplanetaria?

En resumen, la búsqueda de las condiciones asociadas al desarrollo de la vida en la Tierra, con lo que fue y sigue siendo su «habitabilidad», a lo largo de su evolución, es fundamental. Sin embargo, utilizar este mismo concepto de «habitabilidad» fuera del caso terrestre parece un atajo temerario.

Es dar por sentado que lo vivo está definido por «principios» de valor general que pueden encontrarse funcionando en contextos completamente diferentes, y que constituye una etapa potencialmente recurrente en la evolución de la materia cósmica: bajo *ciertas condiciones,* un exoplaneta podría ser *habitable* y sabríamos definir estas condiciones.

Esta visión de la evolución nos parece demasiado determinista. A nuestro parecer, proponer que el hecho de satisfacer (¿algunas?) condiciones conduzca al carácter habitable de un objeto, no es tomar en su justa medida el papel de la influencia de múltiples contingencias, de orden fundamentalmente aleatorio (y en su mayor parte aún no caracterizadas), que han intervenido continuamente para generar vida en la Tierra: estas contingencias deberían constituir el corpus de «condiciones» que deben buscarse en otra parte, ¡lo cual, por supuesto, se opone a su carácter fundamental de imprevisibilidad! Esta es la razón por la que creemos que debe ponerse en cuestión la relevancia de la búsqueda de propiedades consideradas necesarias, a veces incluso suficientes, para que un exoplaneta sea «habitable», ¡con el corolario de la extrapolación de la *habitabilidad* como propiedad potencial de los exoplanetas!

La Tierra parece única en el sentido de que las observaciones acumuladas por la exploración espacial y la caracterización de los exoplanetas han modificado profundamente nuestra concepción de lo que abarca el concepto mismo de planeta. Lo mismo puede decirse de nuestra comprensión de aquello que ha marcado la historia específica de cada uno de ellos y ha dado forma a las propiedades particulares de la Tierra. Lo vivo sería una de estas propiedades, una forma singular de una evolución orgánica cósmica que responde a las condiciones terrestres. La vida estaría inscrita en la historia de la Tierra.

Entonces, al igual que la Tierra, ¡la vida sería única!

Capítulo 14
Vivo/inerte: ¿sigue siendo pertinente esta dicotomía?

A lo largo de los siglos, la definición de la vida ha movilizado a muchos filósofos y científicos, que han formulado sus propuestas a la luz de la evolución de los dogmas y el conocimiento. Sin embargo, resulta destacable que rara vez se haya discutido, o incluso cuestionado, la existencia de una diferencia estructural, de «naturaleza», entre lo vivo y lo no vivo. Claude Bernard, a pesar de la claridad y audacia de su libro *Définition de la vie* [«Definición de la vida»], no dio lugar a una escuela científica tan reconocida y creativa como la que sus propuestas habrían merecido.

Lo vivo se ha visto legitimado en el hecho de distinguirse de lo inerte, algo basado en un sentimiento impuesto como obvio.

Pocos han intentado refutar este postulado. Se trataba, sobre todo, de intentar inscribir, dentro de su marco, una definición de lo vivo que reforzara su oposición, aunque fuera dialéctica, con lo no vivo.

La historia está plagada de indicios erigidos en dogmas. Por ejemplo, fue fácil afirmar, durante siglos, la inmovilidad de la Tierra, contrastando el movimiento fácilmente detectable de todos los astros que la rodean, el Sol de día, estrellas de noche.

Refinada en las últimas décadas, podemos encontrar la definición de «vivo», en oposición a «no vivo», bajo varios tipos de enfoque bastante amplios. Por un lado, están las que podrían describirse como «metabólicas», con Alexandr Oparin como promotor de excelencia. Este bioquímico soviético publicó en Moscú, en 1924, el libro *El origen de la vida*[1], consi-

---

[1] A. Oparin, *El origen de la vida*, Madrid, Akal, 2015.

derado como un enfoque científico pionero de las teorías de formación de la vida a partir de la química prebiótica, basada en compuestos simples presentes en la atmósfera de la Tierra primitiva. El enfoque metabólico traza un patrón donde la actividad química, fuera de equilibrio, se desarrolla para generar divisiones celulares (en el seno de las cuales, posteriormente, intervendría la genética).

En el otro extremo de las propuestas, está la existencia de un código y de su sistema de lectura que lo traduce en diferentes funciones, lo que guía la evolución a través de una selección calificada como natural. Una visión que combina ambos enfoques integra metabolismo y genética, a través de sistemas catalíticos, extremadamente específicos y eficientes.

Este mecanismo de selección requiere de la existencia de un amplio abanico de posibilidades en cada etapa de la evolución. Surge por la producción de errores en el mensaje codificado: son estrictamente inevitables, no tanto por la baja fiabilidad de los sistemas de duplicación, sino por la imposibilidad de cualquier sistema de copia, por muy eficiente que sea, de lograr una reproducción perfecta. Esta imposibilidad enlaza con la esencia de las leyes físicas, que también controlan la evolución de los sistemas vivos. Sin embargo, los sistemas catalíticos de la vida que trabajan en este proceso de replicación de moléculas de ADN son particularmente confiables: el nivel de error es lo suficientemente bajo como para preservar la mayor parte de la información. Así se preservan los linajes, que reconocen identidades genéticas, «especies», a riesgo de subestimar las comunidades de origen.

El concepto mismo de vida ha demostrado ser extremadamente efectivo. Ha estado en el origen de rupturas y grandes revoluciones: la más importante quizá, elaborada por Darwin hace ciento cincuenta años, es suficiente para demostrarlo. ¿Justifica esto establecer una oposición estructural entre lo inerte y lo vivo?

Uno de los escollos de tal oposición es casi como toparse con un muro: *el del origen de la* vida, por «surgimiento» de propiedades singulares, a partir de una no-vida, que no albergaría estas propiedades.

El origen de la vida sigue siendo una pregunta ampliamente aceptada como legítima, un tema de investigación para múltiples comunidades científicas. Presupone la existencia de una transición entre un mundo prebiótico, inanimado, inerte, no vivo, hacia la aparición de estructuras dotadas de una autonomía de evolución, reguladas por principios específicos. Ancla la idea de que lo vivo, más allá de la extrema diversidad de sus formas, tendría una unidad, constituiría un todo, dotado de propiedades normativas, de las cuales lo no vivo, globalizado en conjunto, estaría desprovisto.

Esta dicotomía se ha encontrado en muchas clasificaciones, incluida la del ser humano, y la cuestión de su origen se ha planteado en términos similares. La necesidad del ser humano de sustituir la noción de origen por la de un *continuo* de transformaciones adaptadas a un entorno evolutivo, esboza cómo hacer evolucionar el surgimiento de «principios vitales» hacia una concepción que modifique la oposición entre inerte y vivo: a favor de una evolución secuencial de la materia carbónica y sus propiedades, moldeadas por la sucesión contingente de ambientes. Esta transformación gradual, iniciada en la química interestelar, muy alejada de la formación de las primeras células, se extiende hasta hoy. ¡Y lo que le queda!

La física ha experimentado situaciones en las que un concepto, aunque dotado de capacidades operativas y deductivas muy poderosas, se ha topado con un muro que le exige ir más allá de lo establecido. El ejemplo de la noción de «fuerza» es uno de ellos. ¡Qué genio el de Newton al sugerir que la misma fuerza, la atracción de la Tierra, es la que hace que caiga la manzana y que gire la Luna! Hasta el punto de proponer una formulación algebraica donde las masas presentes y la distancia entre ellas permiten definir la fuerza, de atracción, «universal», y el movimiento resultante. La extrapolación, dos siglos después, a la fuerza que «hace girar» el electrón alrededor del núcleo en un átomo, con una fórmula algebraica similar donde las masas son reemplazadas por cargas eléctricas, también ha llevado a un progreso espectacular en la comprensión de la realidad. Hasta que nos preguntamos qué hace que la manzana o la Luna «sepan» que la Tierra existe, y que, de manera similar, los electrones y los núcleos conozcan su existencia mutua: ¡debe haber una información circulando entre ellos!

Albert Einstein ofreció la respuesta para la gravedad, al proponer que cualquier masa modifica el espacio circundante por una «curvatura» a la que cada partícula, cada objeto, es sensible. En cuanto a las demás fuerzas, la información circula a través de partículas específicas, «bosones», cuyas propiedades, algunas predichas antes de ser descubiertos, se traducen en las de las «fuerzas» que manifiestan. La noción de fuerza, pese a todo el poder que tenía, incorporaba una parte de magia negra, como una «acción a distancia», superada por la interacción a *través* de bosones y finalmente resuelta.

La eficacia demostrada de un concepto, como el de la fuerza, no le confiere validez para tratar la realidad de forma exhaustiva: siempre se puede superar ese concepto (de hecho, a veces *debe* ocurrir), lo que además sólo resalta su relevancia previa.

El siglo XIX ya había sacudido seriamente la mecánica clásica, construida en el siglo XVII cuando, desde Galileo hasta Newton, se habían establecido las leyes, declaradas como *universales,* del movimiento en un campo gravitatorio: el «peso». Con ellas, se hizo posible predecir la trayectoria que seguirá un objeto una vez lanzado: sólo es necesario conocer las fuerzas presentes y las «condiciones iniciales», es decir, la posición y la velocidad del lanzamiento, en dirección e intensidad. En cuanto al espacio, el movimiento de los planetas, la relación entre la duración de la revolución alrededor del Sol y las dimensiones de la órbita, fueron de las primeras predicciones en beneficiarse de estas formalizaciones.

Por otro lado, cuando el número de partículas se vuelve demasiado grande como para establecer la trayectoria de cada una de ellas, ¿no podríamos predecir nada? Los tratamientos estadísticos alcanzados (magistralmente iniciados por Ludwig

Boltzmann a finales del siglo XIX) permitieron efectuar predicciones generales, que nuevas nociones, como la temperatura o la entropía, han logrado medir. El determinismo ofrecido por las leyes físicas se ha reforzado: la idea de que por sí mismo, es decir, aislado, cualquier sistema sólo puede evolucionar desde el orden hacia el desorden, prohibiendo la dirección opuesta, ha constituido una ley esencial para determinar el sentido de una evolución, conocida como la segunda ley de la termodinámica. Si un vehículo choca contra un árbol, se convierte en una pila de chatarra. La probabilidad de lo contrario es extremadamente baja...

Este principio se presenta, como no podía ser de otra manera, en contradicción frontal con la biología, que parece construir sistemas cada vez más ordenados.

Por supuesto, esta contradicción es sólo aparente. El segundo principio se refiere únicamente a sistemas aislados, y los sistemas vivos no lo son: la biosfera existe porque recibe su energía del Sol y equilibra su entropía por radiación hacia el espacio, es decir, interactuando con el resto del universo. El orden construido por lo vivo contribuye al desorden del universo *a través* de la radiación de la Tierra hacia el espacio... ¡a modo de compensación!

Hasta el nacimiento de la biología molecular, la vida y la termodinámica compartían una propiedad: la inmensidad del número de sus constituyentes, tanto atómicos como moleculares, incluso cuando se trata de una sola célula. Esto impide describir y monitorizar, a escala microscópica, el movimiento y la reactividad química de cada uno de estos elementos. De ahí el uso de principios estadísticos específicos para describir el comportamiento a nivel macroscópico.

Sin embargo, las leyes de la termodinámica no cuestionan la física que opera al nivel de las partículas elementales. Compensan su aparente incapacidad para hacer frente a la evolución de sistemas con un gran número de partículas.

Por tanto, se acepta ampliamente que la autonomía de las leyes de la termodinámica forma parte, por consideración estadística, de las leyes de la física: cada cual, con su propio campo de operatividad, basado en la dimensión del sistema.

Para la biología, por el contrario, la autonomía reclamada tendía a separar sus «principios» de evolución de las leyes que operan a escala elemental, descritas por la física. Especialmente porque las leyes de la física, aunque declaradas suficientes para describir el universo en todas sus escalas, fueron incapaces de explicar las características esenciales de la evolución de la vida.

Lo vivo, al integrar «azares» en todas las etapas de su evolución, no parece responder a los principios deterministas de la dinámica de un sistema. Respondería a otros motores, que le serían propios. Así, la imposibilidad de que la biología tenga en cuenta la multiplicidad y complejidad de las contingencias involucradas en la evolución se ha traducido a veces en la existencia de principios autónomos, «principios vitales». Lo inerte obedecería a las ciencias «duras», probadas y validadas; lo vivo, por su parte, respondería a dos conjuntos de factores evolutivos, complementarios o incluso inconexos.

A través de la progresiva caracterización de planetas y sistemas planetarios, destacando su extraordinaria diversidad, orientados contextualmente, surgen grandes similitudes entre los principios de evolución de los mundos inerte y vivo, lo cual pone en cuestión su oposición conceptual. Cuanto más conocemos sobre los impulsores de la base de la diversidad, menos se justifica la clasificación, tanto para el mundo planetario como para el biológico: el conocimiento profundo de las diferentes especies refuta a las especies como tales.

Las formas nos engañan: debido a que un tigre es diferente de un elefante o un álamo, se erigen categorías estancas, y se omite el hecho de que sus propiedades son el resultado de una acumulación de cambios elementales a partir de ancestros comunes, y se olvida que presentan muchas similitudes. Tal vez presenten «menos» diferencias que las que hay entre piedras y árboles, pero ¿no se tratará de una diferencia de distancia, de grado, en una escala evolutiva que integra el todo?

¿No sería esta visión (de una oposición binaria entre dos mundos, lo vivo y lo no vivo) parte de un enfoque, forjado históricamente, más ideológico que científico? Por extraordinariamente fructífero que haya sido, como lo fueron las teorías de la atracción o la repulsión a distancia, ¿no habríamos alcanzado también, para el propio concepto de vida, la etapa de superación que en su momento atravesaron estas teorías?

Conclusión
¡Solos en el universo!

La exploración espacial del Sistema Solar, junto con la caracterización de exoplanetas, ha iniciado una revisión de varios de los paradigmas que han marcado la construcción de nuestras representaciones de los mundos planetarios: su pluralidad, postulada, debe ahora dar paso a su diversidad, observada.

Como corolario de esta diversidad, cada planeta es *único*.

Así como la diversidad de miles de millones de seres humanos hace que cada uno sea único. La imposibilidad fundamental de lo idéntico es la base de la identidad.

La diversidad planetaria como realidad normativa gana terreno, casi dos siglos después de que se impusiera la diversidad biológica. La diversidad en los objetos en el Sistema Solar, antaño ignorada, continúa afianzándose a medida que se acumulan las observaciones. Antes de que comenzara la era espacial, se sabía muy poco sobre cualquier evolución que no fuera la de la Tierra. La ausencia de observaciones vinculantes sugería que el camino seguido por la Tierra era genérico, ejemplar, y que era legítimo extrapolarlo a otros mundos planetarios. En particular, esto tenía la virtud de satisfacer el antiguo dogma de la pluralidad de mundos habitados.

La exploración espacial ha cambiado los fundamentos del juego, al traer los planetas dentro del horizonte científico y darnos acceso a conocer sus propiedades. De repente, para objetos que poseen, al parecer, un «origen común» (en el sentido de que provienen del «mismo» material de partida y se formaron al mismo tiempo en un «mismo» lugar en el universo), existe la capacidad de seguir evoluciones totalmente diferentes.

No se pone en cuestión que las mismas leyes operen en todas las escalas del universo. Sin embargo, no pueden determinar, por sí solas, la evolución de todos los objetos del cosmos. En el caso de los planetas (cuya evolución no viene impulsada tan sólo por la interacción nuclear fuerte, sino por fuentes de energía mucho más débiles) múltiples contingencias tienen vía libre para intervenir y convertirse en importantes factores estructurantes. En cada etapa, surge una innumerable variedad de posibilidades que, para los sistemas planetarios, se traduce en particulares formas de migración, colisiones y, más en general, en la mayoría de los procesos que marcan su formación e historia. Las «condiciones iniciales» de la evolución de la Tierra, Marte, Mercurio o Venus, junto con los múltiples eventos que posteriormente los marcaron, fueron lo suficientemente diferentes como para traducirse en la diversidad de estados contemporáneos que revela la exploración. El camino tomado por la Tierra no puede ni debe reclamar ningún estatus ejemplar.

A mayor escala (conociendo ya la existencia de planetas alrededor de miles de estrellas, confirmados por la observación), es su diversidad, así como la de los sistemas exoplanetarios, lo que también se convierte en la regla. Sus estructuras son distintas de la del Sistema Solar: este último es sólo un singular y único camino de evolución dinámica de un disco protoestelar. El colapso gravitatorio de un disco protoestelar es caótico, en el sentido de que se asemeja a la trayectoria de una bola de billar lanzada y sometida a múltiples choques contra las bandas. Descubrimos que existe una variedad extremadamente rica de posibilidades, todas distintas: el Sistema Solar no debería reclamar un estatus de ejemplaridad.

En cada etapa de la evolución, surge una inmensidad de configuraciones posibles, de variedades en el sentido darviniano. Son «seleccionadas» por propiedades contextuales y del entorno. La diversidad de opciones se corresponde con la diversidad de caminos de evolución «adaptados».

Esta afirmación suena como uno de los principios fundadores de la evolución de las especies propuesta por Darwin: ¿podríamos aplicarlo en cualquier otro sistema?

Para lo vivo, el espectro de posibilidades ofrecidas a la selección se basa en los errores de un sistema de codificación específico que pertenece a un mecanismo químico complejo. Además, el sistema molecular de lectura y de traducción en propiedades y funcionalidades permite la transmisión de variedades seleccionadas, fundando así su descendencia. Obviamente, no es el caso de las evoluciones planetarias. En este sentido, ¡no son «darvinianas»! Por otro lado, observaciones recientes dan la oportunidad a lo contingente de desempeñar un papel dominante de orientación para toda la cadena que conduce *hacia* lo «vivo», y no sólo a los mecanismos de evolución *de* lo vivo: lo genérico y las contingencias operarían de manera acoplada a lo largo de toda la historia cósmica.

La evolución de la química orgánica conduciría a una gran diversidad de formas en el espacio, distintas a lo vivo al no haber sido moldeadas por la síntesis acoplada de un vasto y muy específico conjunto de moléculas, en un contexto íntimamente singular en sí mismo. Sin embargo, seguirían basándose, como la evolución darviniana, en principios de «orientación contingente». Estos podrían extrapolarse a contextos y constantes de tiempo de evolución cósmica extremadamente variados, como temperaturas muy altas para tiempos remotos o miles de millones de años para algunos de los procesos involucrados.

Estos principios, negando la existencia de una orientación definida y afirmando la existencia en cada etapa de una extrema variedad de posibilidades, harían de la evolución de la que somos herederos *una* de ellas: ningún arquitecto, ningún diseño, ninguna necesidad... sólo la contribución de la selección contingente.

Esto constituiría un cambio de paradigma esencial en lo referente al lugar que ocupa la vida en la evolución cósmica.

Para el «viejo» paradigma (véase la Figura 18, p. 144, en la parte superior), la evolución opera según una escala de complejidad creciente. Lo vivo se inserta como etapa genérica de un camino con una orientación determinada en la que el cerebro humano es el punto de máxima complejidad.

Por caricaturesca que parezca, esta representación refleja un punto de vista que todavía está muy extendido. Se beneficia del enfoque predictivo de la física, que ofrece una base para aquellos que buscan motores, una dirección, una flecha, en resumen, un sentido de la evolución.

Integrado en esta construcción, lo vivo aparece como una respuesta a las propiedades mismas del universo y, por lo tanto, susceptible de poder generalizarse y aplicarse en otros sitios del cosmos. «Tan pronto como se cumplen las condiciones» la vida no puede evitar emerger: aquí es donde comienza la dificultad. ¿Cuáles son esas condiciones? ¿Cuál es su probabilidad de manifestarse?

Hasta hace poco, parecía concebible que las propiedades adquiridas por la Tierra, en respuesta a causas universales dentro de un determinismo guiado por leyes físicas, pudieran distribuirse ampliamente entre los miles de millones de candidatos potenciales. Poco a poco, la caracterización de los factores de diversidad expresados en cada una de las propiedades planetarias ha consolidado la idea opuesta: la suma de las condiciones que han guiado la evolución de la Tierra y la vida que alberga, como una secuencia integrada, nunca puede darse en otro lugar, excepto si pensamos en un universo infinito.

Especialmente porque la evolución hacia la vida no sólo estaría profundamente moldeada por las condiciones específicas de la Tierra, sino también por las de todos los procesos preterrestres que han forjado síntesis moleculares únicas.

Este tipo de propuesta, que construye la singularidad del camino evolutivo particular hacia lo vivo (sin recurrir tan sólo al beneficio del determinismo ofrecido por las leyes físicas), topa frecuentemente con una objeción: ¡la de no dar cuenta de aquello que hace que la vida sea excepcional en sí misma! Lo que facilita una vía despejada hacia la idea de que puede existir un principio superior propio del universo, al margen de lo nos revela la fría racionalidad.

Estamos inmersos en maravillas. Desde la indescriptible ternura de la sonrisa de un niño a la frágil «belleza» de las alas de las mariposas o a las obras maestras humanas, desde Miguel Ángel hasta Mozart... hay tantos logros increíbles que cuestionan la capacidad de que todo lo haya generado una evolución aleatoria de pura materialidad. Como además la física también muestra que una pequeña modificación de las propiedades de las fuerzas que forjaron su evolución habría excluido el «surgimiento» del ser humano y su conciencia, es tentador postular que el ajuste del cual se habría «beneficiado» la humanidad no es resultado del azar. Esto es lo que manifiesta el «principio antrópico»: en su forma más extrema, propone que el universo incluso fue construido y ajustado para permitir este surgimiento.

Pero es posible hacer otra lectura de esta misma maravilla y de la extrema sensibilidad de la evolución a las propiedades de las fuerzas y condiciones que la han conformado. Si el camino evolutivo del universo en el que estamos inmersos es tan singular, es porque ha respondido, en cada etapa, a las restricciones dinámicas, termodinámicas y físicoquímicas que su propia evolución ha construido. Queda mucho por descubrir sobre cuáles han sido y qué es lo que les ha dado forma, empezando por lo que inició esta dinámica de expansión del espacio-tiempo, tan particular, y los efectos que han marcado, y siguen marcando, toda la historia del universo. En especial, estas «condiciones iniciales» han dado como resultado la síntesis de partículas y estructuras muy específicas, de las cuales las estrellas y los planetas son una concreción.

Estas singularidades de las que somos herederos son las únicas que nos son accesibles: no hay, al menos hasta la fecha, ningún otro universo observable, en el que, por ejemplo, no se haya formado ninguna estructura estelar o planetaria. Esta perspectiva es como la que teníamos de los mundos planetarios y exoplanetarios cuando sólo podíamos observar y caracterizar la Tierra y el Sistema Solar. Ya no seguimos afirmando que la evolución del disco protosolar sucedió para permitir que la Tierra albergara a la humanidad: en la multitud de bifurcaciones evolutivas abiertas a lo largo del colapso de una nube protoestelar, se ha construido un camino particular que conduce a una biosfera en la que se ha inscrito nuestro propio desarrollo. En otros contextos, con otras contingencias, se han desarrollado otros planetas, con otras estructuras en sus superficies, sin que por ello podamos, ni debamos, colocarlos en un nivel inferior de una escala evolutiva jerarquizada.

En este marco, esencialmente único, nos hemos dotado, a través de mitologías, teologías, ideologías o conocimientos, de descubrimientos asombrosos que han evolucionado en el espacio y el tiempo, según el interés de las sociedades. Actualmente, para nosotros, la evolución biológica ha construido la parte más hermosa.

No se requiere ningún diseño para justificar nuestra existencia, ¡ni la de los genios!

A veces se invoca el azar. No el azar cuántico, vinculado a la indeterminación fundamental e intrínseca que existe a escala microscópica e impide la predicción del estado futuro de un sistema. El azar al que nos referimos para calificar los imprevistos de la evolución tiene una definición perfectamente clásica, reflejo de una doble realidad: la de «caos» que, por un lado, refleja la sensibilidad a la precisión de las condiciones iniciales (que, necesariamente, difieren de una situación a otra) y, por otro lado, la de la inmensidad del campo de posibilidades abiertas secuencialmente en cada etapa de la evolución (inmensidad que no podemos controlar y que supera el número extraordinariamente alto de planetas en el universo observable).

La determinación de los caminos particulares seguidos responde a especificidades contextuales, no es una no-elección, que sería de orden aleatorio. ¡Es la dificultad (o incluso la incapacidad, en un momento dado) de identificar y caracterizar todas las trayectorias hechas posibles por la contingencia lo que permite que el azar entre en escena!

Gran parte de la imprevisibilidad de estas contingencias, que les da un papel importante, proviene del hecho de que a veces resultan del encuentro de trayectorias independientes, sin relación causal, mientras que cada una de ellas responde a una evolución determinista. Esto nos recuerda a las «series causales independientes» de Cournot, formuladas ya a mediados del siglo XIX.

Consideremos el impacto de un objeto masivo en la Tierra, similar al que pudo llevar a la desaparición de la mayoría de los dinosaurios hace unos 65 millones de años. La existencia misma y la trayectoria del bólido son, en gran medida, independientes de las de la Tierra. De la misma manera, la trayectoria de la Tierra en su viaje anual se basa en sus propias condiciones dinámicas. Cada una es determinista, en el sentido de que son manejadas por leyes físicas, incluida la gravedad. Por otro lado, no existe un vínculo causal entre ellas: los efectos dinámicos, uno sobre el otro, de sus respectivas trayectorias, son esencialmente insignificantes, especialmente porque sus energías cinéticas son destacables. La eventual colisión es, por lo tanto, «fortuita», como también lo es el punto de impacto en la Tierra, que depende de la rotación diurna del planeta sobre sí mismo, independientemente de las dos trayectorias seguidas. La independencia de las evoluciones dinámicas, y la incapacidad de controlar todos los parámetros que las gestionan, se traduce en el azar proporcionado a las contingencias para abrir el campo de posibilidades.

Está surgiendo un nuevo paradigma de evolución (véase la Figura 19, p. 144, en la parte inferior) donde ya no hay flechas, ni propósito, ni proyecto. La vida aparece sólo como una de las ramas de esta red de dimensiones inconmensurables, cuyas múltiples ramificaciones, distintas de las correspondientes a la evolución que lleva a la vida, han sido ignoradas: ¡la figura habría sido ilegible!

Como con cualquier ilustración, la preocupación por la claridad genera simplificaciones que pueden conducir a interpretaciones erróneas. Una secuencia hecha de segmentos, «vectorial», ofrece, pese a todo, una visión simplista, plana, de apariencia dirigida: una red multidimensional estaría más en línea con los procesos de los que hablamos.

En tal construcción evolutiva, hecha de incesantes bifurcaciones según las condiciones contextuales, el acoplamiento de la vida a la evolución singular de la Tierra, que no está representada aquí, explicaría la «elección» de la rama seguida.

La ausencia de vida en las otras ramas de color naranja refleja el hecho de que el concepto mismo de vida, una forma singular de evolución de la materia orgánica, parece válido, y tiene sentido, sólo junto con el mundo terrestre.

En este contexto, el concepto de terraformación, que propone construir, en otro lugar que no sea la Tierra, condiciones que permitan el desarrollo de la humanidad, pierde todo sentido. De hecho, choca frontalmente con las ideas darwinianas más elementales: la Tierra, y la vida que alberga, han sido íntimamente moldeadas por la sucesión de etapas que han marcado su historia. En este sentido, son verdaderamente únicas en su forma y, quizá aún más profundamente, en su realidad.

Los humanos somos fundamentalmente terrícolas.

La evolución hacia el ser humano se compone de selecciones de las aptitudes mejor adaptadas a las realidades de la Tierra, que a su vez ha atravesado sus propias evoluciones en los últimos millones de años.

Hay otros innumerables planetas además del nuestro: todos han sido moldeados por una sucesión de contingencias singulares que han construido otros tantos mundos únicos. Hay otras innumerables formas carbónicas: todas son el resultado de reacciones que involucran una multitud de ingredientes físicos y químicos singulares, que han sintetizado otras tantas estructuras únicas.

Sin embargo, hay un fuerte aumento de propuestas que se refieren, a veces sin explicarlo, a la idea de una posible migración fuera de la Tierra (normalmente a Marte), si no de toda la humanidad, al menos de una parte... debidamente seleccionada. Lejos de tratarse sólo de un asunto enfocado en el turismo espacial, de un lujo extremo e insolente, el objetivo conlleva una preocupación creciente: la «oferta» de huir de un entorno que se ha vuelto inadecuado para el ser humano, ¡por su propia actividad! Hay que tener en cuenta que no es el ser humano, como especie *(ἄνθρωπος)*, a quien cuestionamos (o a quien deberíamos cuestionar ya que, de ser así, no habría más solución que erradicarlo), sino el ser humano en un proceso concreto de producción que abusa de la biosfera. Esto abre la posibilidad de que, cambiando este proceso, ¡podrían nacer perspectivas distintas a la triste fatalidad o la huida desesperada!

Más concretamente, no tiene sentido imaginar que sea posible crear, en otro lugar que no sea en la Tierra, todas las propiedades construidas en más de 4000 millones de años de evolución singular de la Tierra, y que han llevado a la diversidad biológica, necesaria en particular para la existencia misma de la humanidad. Fuera de su entorno, tanto en Marte como en la Luna, en avión o en estación orbital, el ser humano, terrenal por esencia, sólo puede vivir en recipientes presurizados que contengan aire de la Tierra, ¡y alimentarse con comida terrestre!

La idea de la terraformación viene de una época en la que la diversidad de la vida, la de los planetas y exoplanetas, ni se vislumbraba ni se conocía ni se explicaba (y, tal vez, ni se aceptaba). ¡Este ya no debería ser el caso!

La biosfera es esencialmente terrestre. Sin embargo, si la vida ve su marco de relevancia limitado a su campo de evolución (concretamente a la Tierra), resultará difícil, dentro de la propia comunidad científica, llegar a un acuerdo sobre las características estructurales que la opondrían al mundo no vivo, del cual habría «surgido». En un momento en que la diversidad se está infiltrando en todas las clasificaciones como un nuevo paradigma, el mundo viviente está obligado a compartir con lo no vivo muchos «principios» que antes le estaban reservados y que se consideraban exclusivos. ¿No es esto una señal de que se está volviendo legítimo cuestionar la validez de las especificidades de lo vivo, que solemos presentar en un formato binario extremadamente reduccionista de lo vivo frente a lo no vivo? La investigación contemporánea, estimulada por la exploración espacial, ofrece un marco excepcional para definir lo que caracteriza a lo vivo, terrestre, sorteando los escollos y abriendo nuevas páginas en la novela, siempre inacabada, de la evolución cósmica.

Lo que fundamenta la singularidad de la Tierra y de la vida, dentro de una diversidad planetaria revelada a escala galáctica, es la caracterización del conjunto *extraordinariamente* singular de las propiedades de la Tierra, en constante evolución. «Solos en el universo»: este cambio de paradigma se impone y a la vez concede a la humanidad una responsabilidad *esencial,* ya que la biosfera, de la que forma parte integrante, está coevolucionando estructuralmente con su entorno. El peso de lo contingente en la evolución ofrece a la humanidad la oportunidad de dirigir su futuro. Al determinismo de los procesos físicos «naturales», se suma la actividad de cada ser humano, individual y colectiva, injertada en los acontecimientos que contribuyen a una historia en construcción.

La humanidad se enfrenta a desafíos sin precedentes, ya que son desafíos a escala planetaria: los conflictos armados, las pandemias y el cambio climático son ejemplos de ello. Piden respuestas que sean, en sí mismas, planetarias, que se apliquen en escalas de tiempo extraordinariamente cortas, con recursos limitados y en un espacio estructuralmente acotado. Estas respuestas requieren grandes cambios de paradigma que cuestionan fuertes constructos históricos, traducidas en nociones de nación, de pueblo, con el fin de que los enfrentamientos den paso a prácticas generalizadas de cooperación, como las que la investigación científica ha demostrado que son posibles y efectivas. Un inmenso valor.

Tomar conciencia de que la Tierra y la vida están «solas en el universo» puede generar desafíos no menos fundamentales para las relaciones humanas y para la relación del ser humano con la naturaleza, de la cual forma parte. Por la abundancia de desafíos que ha alumbrado este siglo y que hacen que el futuro sea tan emocionante, ¡por lo apasionante que será buscar respuestas!

Agradecimientos

Este manuscrito se ha beneficiado profundamente de las relecturas críticas, expertas, generosas y básicas, de amigos y colegas a quienes no puedo estar lo suficientemente agradecido: Sébastien Balibar, Louis d'Hendecourt y Michel Viso, Puri López-García y Alessandro Morbidelli, Richard Bonneville, Alain Soufflot e Yves David, así como Étienne Rabotin, valioso editor. Una vez más, me gustaría dar las gracias a Odile Jacob por recibir este texto con tanto entusiasmo.

Una parte importante de las ideas propuestas en este libro se basan en los resultados de experimentos espaciales en los que tuve el placer de participar: en esencia, son una actividad colectiva desarrollada en el seno de un equipo y un laboratorio públicos de investigación que están íntimamente ligados.

Nuestra contribución a la exploración espacial del Sistema Solar, que forjó los cambios de paradigma que describe este libro, se ha beneficiado del apoyo de nuestras instituciones, que son la Universidad de París-Sur y el CNRS, y el CNES. Nos han ofrecido la oportunidad de formar parte del fascinante mundo de la astrofísica espacial.

Las aventuras en las que hemos participado se caracterizan por una práctica esencial: *la cooperación*, científica, técnica y, sobre todo, humana.

Que nuestros socios, desde Estados Unidos hasta Japón, pasando por Rusia y China, así como en Europa, encuentren aquí la marca de nuestra profunda gratitud por haber intercambiado y puesto en común tantos talentos, experiencias e ingenio, esfuerzos y pasiones, con el mismo objetivo: explorar (no conquistar) y avanzar en la comprensión de lo que ha esculpido la

Tierra y los mundos que nos rodean. Todos juntos son activos esenciales para afrontar con éxito los retos que tenemos ante nosotros.

Mi agradecimiento también, acompañado de inmensa admiración, a aquellos y aquellas que han construido para Francia estructuras públicas de investigación verdaderamente únicas, ejemplo destacable y destacado de fertilidad a escala mundial. Han permitido que nuestras comunidades desempeñen un papel importante en casi todos los campos de la cultura, y de la ciencia en particular. Hoy este esfuerzo se ve gravemente socavado por el desinterés político frente a lo que posibilita e implica la investigación pública. ¡Que este libro contribuya, por poco que sea, a frenar y revertir esta tendencia!

La pintura que ilustra la cubierta es obra del artista Aki Kuroda, un regalo que hizo a su esposa Mariko en 1988. Que Aki y Mariko encuentren aquí la expresión de mi más sincero agradecimiento por permitirme reproducirla.

Índice

Un paseo por
las estrellas

Una guía de las estrellas, las
constelaciones y sus leyendas

Sexta edición
ampliada y actualizada

Milton D. Heifetz y Wil Tirion

978-84-460-4728-5
12 pp.

De la Tierra al universo

Astronomía general teórica y práctica

2.ª EDICIÓN

David Galadí-Enríquez
y Jordi Gutiérrez Cabello

Con fotografías de Vicent Peris Baixauli

akal

978-84-460-5145-9
936 pp.

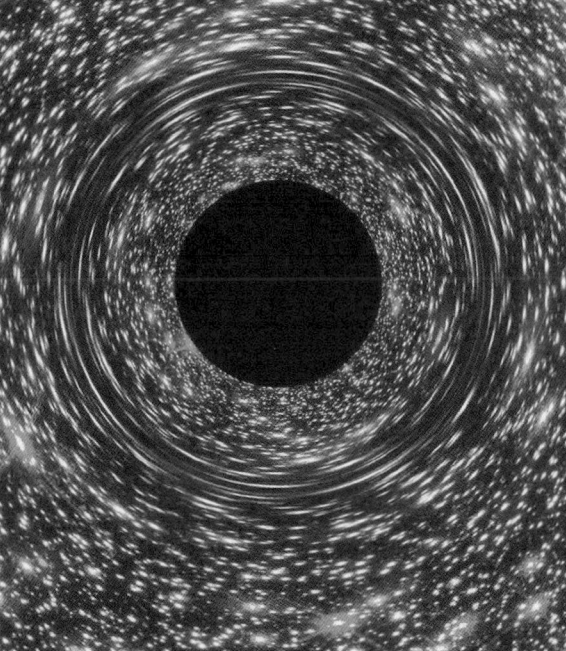

CRISTIANO GALBIATI

Las entidades oscuras

Viaje a los límites del universo

akal

978-84-460-4872-5

184 pp.

STEPHEN WEBB

Si el universo está lleno de extraterrestres... ¿dónde está todo el mundo?

Setenta y cinco soluciones
a la paradoja de Fermi y
el problema de la vida
extraterrestre

Prólogo
Martin Rees

akal

978-84-460-4631-8
496 pp.

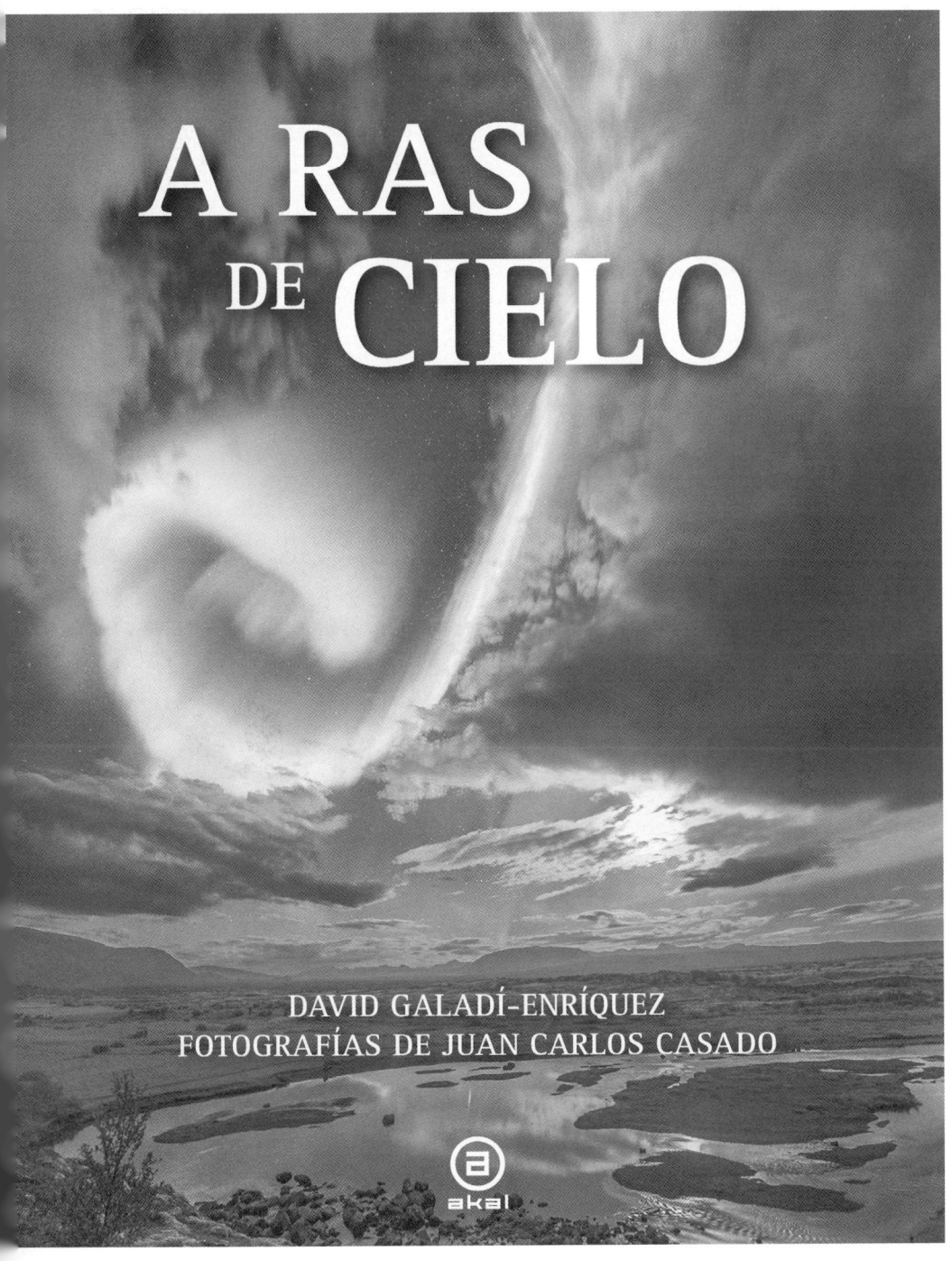

A RAS
DE CIELO

DAVID GALADÍ-ENRÍQUEZ
FOTOGRAFÍAS DE JUAN CARLOS CASADO

akal

978-84-460-4595-3
224 pp.

HIJOS DE LAS ESTRELLAS

NUESTRO ORIGEN, EVOLUCIÓN Y FUTURO

akal

DANIEL ROBERTO ALTSCHULER

978-84-460-4180-1
248 pp.

PAUL MURDIN

Secretos *del* Universo

CÓMO HEMOS CONOCIDO EL COSMOS

akal

978-84-460-3089-8
342 pp.

ESTRELLAS

UNA GUÍA PRÁCTICA SOBRE LAS PRINCIPALES CONSTELACIONES

CONTIENE 20 TARJETAS PERFORADAS

MARK WESTMOQUETTE

978-84-460-5077-3

128 pp.